电力设备监控运行
培训手册

安徽电力调度控制中心　编

中国电力出版社
CHINA ELECTRIC POWER PRESS

图书在版编目（CIP）数据

电力设备监控运行培训手册／安徽电力调度控制中心编 . —北京：中国电力出版社，2018.12（2020.12重印）
ISBN 978-7-5198-0409-1

Ⅰ．①电…　Ⅱ．①安…　Ⅲ．①电力监控系统－技术培训－手册　Ⅳ．① TM73-62

中国版本图书馆 CIP 数据核字（2019）第 031072 号

出版发行：中国电力出版社
地　　址：北京市东城区北京站西街 19 号（邮政编码 100005）
网　　址：http://www.cepp.sgcc.com.cn
责任编辑：周秋慧（010-63412627）
责任校对：黄　蓓　郝军燕
装帧设计：赵姗姗
责任印制：石　雷

印　　刷：三河市航远印刷有限公司
版　　次：2018 年 12 月第一版
印　　次：2020 年 12 月北京第二次印刷
开　　本：787 毫米 ×1092 毫米　16 开本
印　　张：16.75
字　　数：373 千字
印　　数：2001—2500 册
定　　价：98.00 元

编 委 会

前言

　　国家电网公司提出了"调度集控专业融合、调度结构优化调整"的改革方向，需要整合电网调度和变电运行资源，推进变电设备集中监控业务与电网调度运行业务的融合，实现各级调控一体化，以提高驾驭大电网的调控能力和大范围优化配置资源的能力，保障大电网的安全、经济、优质、高效运行。在调控一体化工作模式下调控中心的功能和职责发生了深刻变化，调控中心在承担既有的电网调度运行的职责的基础上，还将承担对电网变电设备进行监控的职责。职责上的扩充和业务范围的扩展，对省、地市电网调控运行人员的电网运行技能提出了很高的要求，但目前安徽电网尚缺乏面向监控业务的专业培训教材。

　　为了更好地完成对监控运行人员的专业化、精细化培训，达到更好的培训效果，安徽省电力调度控制中心精心组织编写本书。培训手册分为两篇，第一篇为基础知识，结合监控员竞赛培训内容编写，并汇聚了相关行业专家的意见，重点挑选了监控运行人员在工作中需要掌握了解的基础知识，包括电气设备的一次部分、二次部分及自动化通信等方面的知识。第二篇为上机实操，结合监控仿真系统，选取了其中具有代表性的25个典型案例，能够很好地测试提高监控运行人员的理论及实操技能水平。

　　受时间等因素限制，本书可能存在疏漏、不准确之处，欢迎专家、读者提供宝贵意见，以便我们修正，达到更好的培训效果。

编者

2018 年 12 月

目录

前言

第一篇 基础知识

第一章　变压器 ·· 3

　　第一节　变压器的分类、构成及型号 ····································· 3

　　第二节　变压器的温度及测温装置 ·· 5

　　第三节　变压器的冷却及接地方式 ·· 6

　　第四节　变压器保护 ·· 8

第二章　高压断路器 ··· 10

　　第一节　高压断路器概述 ··· 10

　　第二节　高压断路器技术参数 ·· 13

第三章　互感器 ·· 19

　　第一节　互感器的作用及类型 ·· 19

　　第二节　电磁式电流互感器 ··· 19

　　第三节　电磁式和电容分压式电压互感器 ···························· 25

第四章　避雷器 ·· 40

　　第一节　雷击故障及防雷措施 ·· 40

　　第二节　避雷器的分类 ··· 43

　　第三节　氧化锌避雷器的运行故障 ······································· 49

　　第四节　避雷器典型产品及应用 ··· 51

第五章　电力电容器和电抗器 ··· 57

　　第一节　电力电容器 ·· 57

　　第二节　电抗器 ··· 64

第六章　气体绝缘金属封闭开关设备 ·· 72

　　第一节　元件组成 ·· 72

　　第二节　主要特点 ·· 77

第七章 母线保护 ································· 78
　第一节 母线的接线方式及常见故障 ··········· 78
　第二节 母线保护的装设原则及配置方案 ········· 80
第八章 变压器保护 ······························· 88
　第一节 变压器纵差动保护 ··················· 88
　第二节 变压器相间短路的后备保护 ··········· 90
　第三节 变压器的接地保护 ··················· 91
第九章 线路保护 ································· 92
　第一节 纵联保护概述 ······················· 92
　第二节 线路保护配置 ······················· 93
　第三节 输电线路高频保护 ··················· 93
　第四节 闭锁式方向纵联保护 ················· 94
　第五节 纵联允许式保护 ····················· 96
　第六节 光纤纵差保护 ······················· 97
第十章 自动重合闸 ······························· 99
　第一节 自动重合闸的作用及基本要求 ········· 99
　第二节 输电线的三相一次重合闸 ············· 99
　第三节 输电线的单相重合闸 ················· 101
第十一章 智能变电站继电保护技术 ················· 103
　第一节 智能变电站保护术语 ················· 103
　第二节 智能变电站保护配置 ················· 107
　第三节 智能变电站保护信息流 ··············· 107
　第四节 新一代智能变电站 ··················· 111
　第五节 新六统一保护设备 ··················· 113
　第六节 继电保护信息规范 ··················· 114
第十二章 继电保护二次回路——控制回路 ··········· 116
　第一节 断路器控制回路的方式和基本要求 ······· 116
　第二节 控制开关 ··························· 117
　第三节 控制回路原理图 ····················· 118
第十三章 继电保护二次回路——交流二次回路 ······· 122
　第一节 二次回路概述 ······················· 122
　第二节 TA、TV 的作用和参数 ··············· 124
　第三节 TA、TV 在二次回路的标号原则 ········· 125
　第四节 TA、TV 二次绕组的使用原则 ··········· 125

　　第五节　TA、TV 二次绕组的接线方式及相量分析 ……………………… 127

第十四章　变电站站用电交流系统 ………………………………………… 133
　　第一节　变电站用交流系统的组成 ……………………………………… 133
　　第二节　站用电系统常用接线 …………………………………………… 134

第十五章　高频模块（新力）直流系统 …………………………………… 138
　　第一节　微机保护对直流系统的基本要求 ……………………………… 138
　　第二节　新力直流系统的构成 …………………………………………… 140

第十六章　电力调度数据网及二次安全防护 ……………………………… 146
　　第一节　调度数据网承载的业务 ………………………………………… 146
　　第二节　调度数据网骨干 ………………………………………………… 146

第十七章　故障录波器及故障波形分析 …………………………………… 154
　　第一节　定义、作用及原理 ……………………………………………… 154
　　第二节　故障录波器常用指标 …………………………………………… 155
　　第三节　故障波形分析 …………………………………………………… 155

第二篇　上　机　实　操

第十八章　省调系统模拟接线图 …………………………………………… 165
第十九章　省调上机实操案例 ……………………………………………… 176
第二十章　地调系统模拟接线图 …………………………………………… 199
第二十一章　地调上机实操案例 …………………………………………… 241

第一篇

基础知识

第一章　变　压　器

　　一次设备是直接用于生产、输送和分配电能的生产过程中的高压电气设备，包括发电机、变压器、断路器、隔离开关、自动开关、接触器、刀开关、母线、输电线路、电力电缆、电容器、电抗器、电动机等。二次设备是指继电保护、自动化控制、直流系统等。变电站的一、二次设备都是变电站的主设备。

　　变电站是电网中的线路连接点，是用于变换电压、接受和分配电能、控制电力的流向和调整电压的电力设施。变电站分为枢纽变电站、区域变电站、终端变电站，当枢纽变电站全站停电时，将引起地区电网瓦解，造成大面积停电，严重时甚至影响整个电网的几个省、市的供电。

　　变压器是变电站的主设备，是一种利用电磁感应原理将电能从一个电路转移到另一个电路的静止电气设备，其电能的转移靠变换电压实现，即将一种电压等级的交流电能变换成另一种电压等级的交流电能。变压器的发展方向主要有两个，一是向特大型超高压方向发展，二是向节能化、小型化、低噪声、高阻抗、防爆型发展。

第一节　变压器的分类、构成及型号

　　变压器是一种静止的电气设备，是用来将某一数值的交流电压变成频率相同的另一种或几种数值不同的电压的设备，变压器整体结构如图1-1所示。

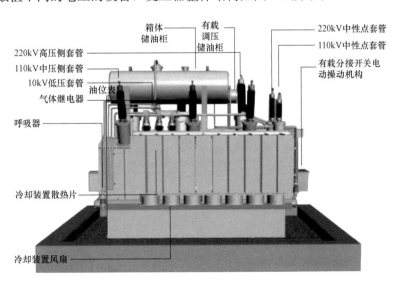

图1-1　变压器整体结构

按用途，变压器可分为电力变压器、试验变压器和仪用变压器。

按相数，变压器可分为单相变压器和三相变压器。

按绕组形式，变压器可分为自耦变压器、双绕组变压器、三绕组变压器和分裂变压器。

按绕组绝缘水平，变压器可分为全绝缘变压器和半绝缘变压器。

还有按容量、冷却方式等分类。

三绕组变压器的 3 个绕组同心地套在一个芯柱上。为绝缘方便，高压绕组放在最外边。至于中、低压绕组，根据相互间传递功率较多的两个绕组应靠得近些的原则，用在不同场合的变压器有不同的安排，如图 1-2 所示。

气体继电器的作用是当变压器内部发生绝缘击穿、线匝短路及铁芯烧毁等故障时，给运行人员发出信号或切断电源以保护变压器。变压器的气体继电器侧有以下两个坡度：

变压器绕组

由于低压绕组对于铁芯的绝缘要求低，故将其布置在贴靠铁芯的内层，高压绕组布置在外层，这样可借低压绕组之助，提高高压绕组和铁芯之间的绝缘水平。

图 1-2　变压器绕组排列方式

（1）沿气体继电器方向变压器大盖坡度，应为 1%～1.5%。变压器大盖坡度要求在安装变压器时从底部垫好。

（2）变压器油箱到储油柜连接管的坡度，应为 2%～4%（这个坡度由厂家制造好的）。

这两个坡度既可以防止在变压器内贮存空气，又便于在故障时使气体迅速可靠地冲入气体继电器，保证气体继电器正确动作，如图 1-3 所示。

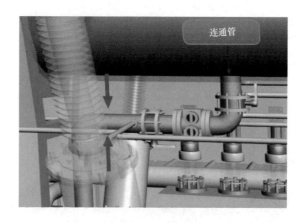

连通管

图 1-3　气体继电器

变压器铭牌中的型号见表 1-1。

表 1-1 变压器铭牌中的型号

排列顺序	内容	类别	符号
1（或末数）	绕组耦合方式	自耦降压（或自耦升压）	0
2	相数	单相	D
		三相	S
3	冷却方式	油浸自冷	J
		干式空气自冷	G
		干式浇注绝缘	G
		油浸风冷	F
		油浸水冷	S
		强迫油循环风冷	FP
		强迫油循环水冷	SP
4	绕组数	双绕组	—
		三绕组	S
5	绕组导线材质	铜	—
		铝	L
6	调压方式	无励磁调压	—
		有载调压	Z

变压器型号第一部分由汉语拼音字母组成，代表变压器的类别、结构、特征和用途；第二部分由数字组成，用以表示产品的容量（kVA）和高压绕组电压（kV）等级。斜线左边表示额定容量（kVA）；斜线右边表示一次侧额定电压（kV）。如，SJL-1000/10 表示三相油浸自冷铝质材料－1000kVA/10kV；SFPZ9-120000/110 表示三相强迫油循环风冷带有载调压－120000kVA/110kV；ODFSZ-1000000/500 表示自耦降压单相油浸风冷三绕组带有载调压－1000000kVA/500kV。

第二节 变压器的温度及测温装置

一、变压器使用寿命与温度的关系

在温度的长期作用下，变压器绝缘材料的绝缘性能会逐渐降低。绝缘温度经常保持在 95℃，使用年限为 20 年；绝缘温度经常保持在 105℃，使用年限约为 7 年；绝缘温度经常保持在 120℃，使用年限约为 2 年；绝缘温度经常保持在 170℃，使用时间约为 10～12 天。

当变压器绝缘材料的工作温度长期超过允许值运行时，每升高 6℃，其使用寿命缩短一半，这就是变压器运行 6℃ 法则。

冷却器有工作、备用、辅助和停用四种工作状态。

一般情况下，变压器冷却器不全部启动，当运行中的工作、辅助冷却器发生故障时，备用冷却器自动投入；变压器上层油温或绕组温度达到一定值时，自动启动尚未投入的辅助冷却器（当辅助冷却器温度升高至 55℃ 时自启，当温度降低至 45℃ 时返回）。

　　强迫油循环冷却变压器运行时，必须投入冷却器。

　　当冷却系统故障切除全部冷却器时，强迫油循环风冷和强迫油循环水冷变压器允许带额定负荷运行20min。如20min后上层油温尚未达到75℃，则允许上升到75℃。但在这种状态下运行的时间不得超过1h。

绕组温度

铁芯温度

上层油温

下层油温

图1-4　变压器温度示意图

二、油浸式变压器的允许温度

　　运行中的变压器，通常是通过监视变压器上层油温来控制变压器绕组最热点的工作温度，使绕组运行温度不超过其绝缘材料的允许温度值，以保证变压器的绝缘使用寿命，如图1-4所示。

　　油浸式变压器上层油温允许值见表1-2。

表 1-2　　　　　　　　　　　油浸式变压器上层油温允许值

冷却方式	冷却介质最高温度（℃）	长期运行的上层油温度（℃）	最高上层油温度（℃）
自然循环冷却、风冷	40（空气）	85	95
强迫油循环风冷	40（空气）	75	85
强迫油循环水冷	（冷却水）	60	70

图1-5　变压器温度计

三、变压器的测温装置

　　为保证变压器不超温运行，一般变压器都装有测温装置和温度继电器，测温装置装在变压器油箱外，便于运行人员监视油温，如图1-5所示。

　　温度继电器的作用是，当变压器上层油温超过允许值时，发出报警信号，根据上层油温的变化范围，自动地启动、停辅助冷却器；当变压器冷却器全停，上层油温超过允许值时，延时将变压器从系统中切除。

第三节　变压器的冷却及接地方式

　　变压器的冷却方式和油循环回路如图1-6和图1-7所示。

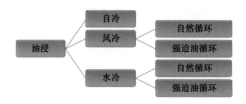

图1-6　变压器的冷却方式

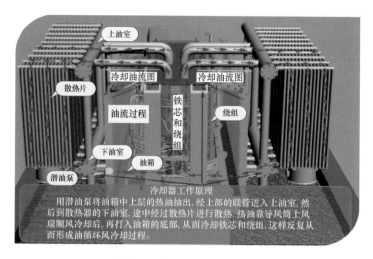

图 1-7　变压器油循环回路

变压器的接地方式有铁芯接地和中性点接地两种方式。

（1）铁芯接地。运行中变压器的铁芯及其他附件都处于绕组周围的电场内，如不接地，在外加电压的作用下，铁芯及其他附件必然感应一定的电压。当感应电压超过对地放电电压时，就会产生放电现象。为了避免变压器内部放电，需要将铁芯接地，如图 1-8 所示。变压器的铁芯接地点只允许一点接地。如果有两点以上接地，则接地点之间可能形成回路。当主磁道穿过此闭合回路时，就会在其中产生循环电流，造成内部过热事故。

（2）中性点接地。目前大电流接地系统普遍采用分级绝缘的变压器，当变电站有两台及以上的分级绝缘变压器并列运行时，通常只考虑一部分变压器中性点接地，而另一部分变压器的中性点则经间隙接地运行，以防止故障过程中所产生的过电压损坏变压器的绝缘。

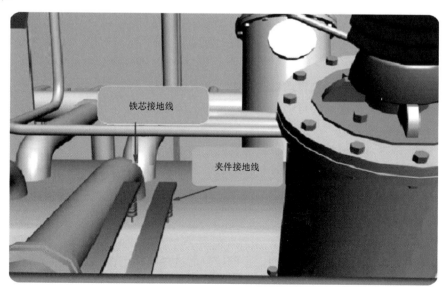

图 1-8　变压器铁芯接地方式

分级绝缘就是变压器的线圈靠近中性点部分的主绝缘，其绝缘水平比线圈端部的绝缘水平低。分级绝缘的变压器，一般都规定只许在中性点直接接地的情况下投入运行。

采用分级绝缘的主变压器运行中应注意以下问题：

（1）变压器中性点一定要加装避雷器和防止过电压间隙。

（2）如果条件允许、运行方式允许，变压器一定要中性点接地运行。

（3）变压器中性点如果不接地运行，中性点过电压保护一定要可靠投入。

第四节　变压器保护

变压器是电力系统中十分重要的供电设备，变压器故障将给电力系统正常运行及供电可靠性带来严重的影响。为了确保电力系统的安全运行，必须根据变压器的容量和重要程度装设专用的保护装置，使其在遇有异常和故障时做出必要的动作。

一、变压器本体构造上安全保护设置

（1）储油柜。其容量为变压器油量的8％～10％，限制变压器油与空气接触，减少油受潮和氧化程度，储油柜上安装吸湿器，防止进入变压器。

（2）吸湿器（呼吸器）。内有吸附剂，当吸附剂颜色蓝色变红色时，必须干燥或更换。

（3）净油器（过滤器）。净油缸内充满吸附剂，娄油经过净油器时，水、酸、氧化物被吸收，使油清洁，延长油的使用年限。

（4）防爆管（安全气道）。在变压器内部发生故障时，防止油箱内产生高压力的释放保护。

此外，还有瓦斯、温度计、油表等安全保护装置。

二、变压器的运行与维护

变压器应做好日常巡视工作，发现要及时处置。

1. 声音

（1）声音比平时大而均匀时，则为过电压、过负荷。

（2）声音较大而嘈杂时，可能是变压器铁芯的问题。

（3）声音中夹有放电"吱吱"声时，可能是变压器器身和套管局部放电。

（4）声音中夹有水的沸腾声时，可能是绕组较重故障。

（5）声音中夹有爆裂声、既大又不均匀时，可能是变压器器身绝缘击穿。

（6）声音中夹有连续的、有规律的撞击或摩擦声时，可能是变压器铁芯振动造成某些部件机械接触。

2. 气体

（1）瓷套管端子的紧固部分松动，表面接触面过热氧化，引起变色和异常气味。

（2）漏瓷的断瓷能力不好及磁场分布不均，引生涡流，导致油箱各部分局部，从而过热引起油漆变色。

（3）瓷套管污损产生电晕、闪络，发出异臭味。

（4）硅胶呼吸器从蓝色变为红色时，应做再生处理。

3. 体表

（1）气体继电器、压力继电器、差动继电器有动作时，可推测可能是内部故障引起的。

（2）湿度、温度、紫外线或周围的空气中所含酸、盐引起表面龟裂、起泡、剥离。

（3）大气、内过电压引起将瓷件、瓷套管表面龟裂，产生放电痕迹。

（4）硅胶呼吸器从蓝色变为红色时，应做再生处理。

4. 渗漏油

（1）变压器外面闪闪发光或粘着黑色液体，可能是漏油。

（2）内部故障会使变压器油温升高，引起油体积的膨胀，从而发生漏油，甚至会发生喷油。若油位计大大下降，而没有发生上述现象，则可能为油位计损坏。

5. 温度

（1）应经常性检查套管各端子和母线或电缆连接是否紧密，有无发热迹象。

（2）过负载、环境温度超过规定值，冷却风扇和输油泵出现故障、散热器阀门忘记打开、漏油引起油量不足、温度计损坏以及变压器内部故障等会使温度计上的读数超过运行标准中规定的允许温度。即使温度在允许的限度内，但从负载率和环境温度来判断，也是温度不正常。

上述声音、振动、气味、变色、温度及其他现象对变压器的事故的判断，只能作为变压器故障直观的初步判断。因为变压器的内部故障不仅仅是单一方面的直观反映，还涉及诸多因素，有时会甚至出现假象，因此，必须进行测量并作综合分析，才能准确可靠地查找故障原因，判明事故性质，提出较为完备、合理的处理方法。

第二章　高 压 断 路 器

第一节　高压断路器概述

一、高压断路器的用途及分类

当系统正常运行时，高压断路器能切断和接通线路及各种电气设备的空载和负载电流；当系统发生故障时，高压断路器和继电保护配合，能迅速切断故障电流，以防止扩大事故范围。高压断路器（或称高压开关）是变电站主要的电力控制设备，具有灭弧特性。

高压断路器按灭弧介质和灭弧原理的不同，分为油断路器、压缩空气断路器、真空断路器、六氟化硫（SF_6）断路器四种类型。

二、高压断路器运行中的要求

1. 开断、关合功能

（1）能快速可靠地开断、关合各种负载线路和短路故障，且能满足断路器的重合闸要求。

（2）能可靠地开断、关合其他电力元件，且不引起过电压。

2. 电气性能

（1）载流能力。

（2）绝缘性能。

（3）机械性能。

三、高压断路器的结构

高压断路器的主要结构如图 2-1～图 2-3 所示。

主要部件作用如下：

（1）开断元件。开断、关合电路和安全隔离电源；包括导电回路、动静触头和灭弧装置。

（2）绝缘支撑元件。支撑开关的器身，承受开断元件的操动力和各种外力，保证开断元件的对地绝缘。包括瓷柱、瓷套管和绝缘管。

（3）传动元件。将操作命令和操作动能传递给动触头。包括连杆、拐臂、齿轮、液压或气压管道。

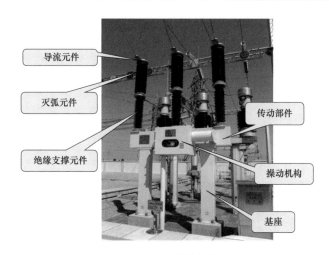

图 2-1 I 型断路器

图 2-2 Y 型断路器

图 2-3 T 型断路器

（4）基座。用来支撑和固定开关。

（5）操动机构。用来提供能量，操动开关分、合闸。有电磁、液压、弹簧、气动等形式。

四、高压断路器的型号

高压断路器的型号含义如图 2-4 所示。

如，LW10B-252/3150-40，L 代表六氟化硫，W 代表户外，10B 代表设计序号，252 代表额定电压为 252kV，3150 代表额定电流为 3150A，40 代表额定开断电流为 40kA。

五、高压断路器操动机构

高压断路器操动机构是用来控制断路器跳闸、合闸和维持合闸状态的设备，其性能好坏将直接影响高压断路器的工作性能，因此，高压断路器操动机构应符合以下基本要求：

（1）足够的操作功。为保证高压断路器具有足够的合闸速度，操动机构必须具有足够大的操作功能。

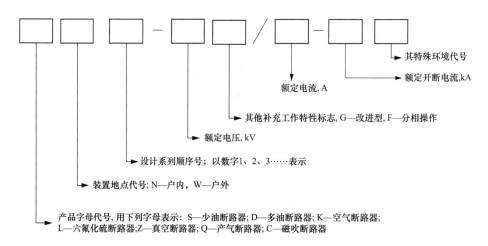

图 2-4　高压断路器的型号含义

（2）较高的可靠性。高压断路器工作的可靠性在很大程度上由操动机构来决定，要求操动机构具有动作快、不拒动、不误动等特点。

（3）动作迅速。

（4）具有自由脱扣装置。自由脱扣机构装置是保证在合闸过程中，若继电保护装置动作需要跳闸，能使断路器立即跳闸，而不受合闸机构位置状态限制的连杆机构。自由脱扣装置是实现线路故障情况下合闸过程中快速跳闸的关键设备之一。

高压断路器操动机构一般按合闸能源取得方式的不同进行分类，目前常用的可分为手动操动机构、电磁操动机构、弹簧储能操动机构、气动操动机构、液压操动机构等。

六、高压断路器检修与安装调试主要步骤

高压断路器返厂大修主要步骤如下：

（1）释放能量。

（2）回收 SF_6 气体。

（3）解除连接提升杆。

（4）撤除本体（如有附件应先撤除）。

（5）撤除操动机构。

高压断路器安装调试主要步骤如下：

（1）基础（预埋好地脚螺丝）安装。

（2）机构或基础架安装。

（3）本体安装（须净化装置分子筛）。

（4）连接传动部分。

（5）冲好 SF_6 气体到额定值（同时校验气体密度继电器）。

（6）二次线连接好（包括储能、照明、加热等）。

高压断路器应分别进行特性试验、电气试验、24h 以后的微水测试、远方传动以及验收，并做好检修或安装调试报告。

第二节 高压断路器技术参数

一、多油断路器

DW2-35 型多油断路器如图 2-5 所示，这种断路器所用油量很多，油除了作为灭弧介质外，还作为触头开断后的弧隙绝缘以及带电部分与外壳之间的绝缘介质。我国早期生产的多油断路器为 DW1-35、DW2-35 型，均系仿苏联产品，这些产品的缺点是结构复杂、调节困难、开断容量不足、常产生拒动和误动等。1971 年，我国自行设计 DW8-35 型多油断路器，并在西安高压开关厂投产，该产品在全国广泛使用，其性能比 DW1-35 和 DW2-35 要优越，但使用中仍发现不少缺陷。

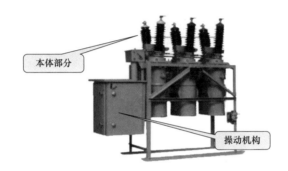

图 2-5　DW2-35 型多油断路器

二、少油断路器

少油断路器如图 2-6 所示，这种类型的断路器用油作为灭弧介质和弧隙绝缘介质。但是带电部分和接地部分之间的绝缘是由瓷介质来完成的，因此，少油断路器具有体积小、重量轻、占地少的特点，钢材和油的消耗量很小。

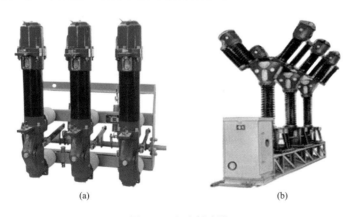

(a)　　　　　　　　(b)

图 2-6　少油断路器
（a）SN2-35 型；（b）SW2-126 型

三、空气断路器

空气断路器如图 2-7 所示，这种断路器是以压缩空气作为灭弧介质和弧隙绝缘介质的。压缩空气断路器的特点是灭弧能力强、动作迅速、能快速自动重合闸，其体积小、防火防爆，在低温下能可靠地工作，维护检修方便。其缺点是工艺要求高、消耗有色金属多，并须一套专供操作用的压缩空气设备等。压缩空气断路器多用于 220kV 及以上的电压等级中，目前我国自制的压缩空气断路器有 KW4、KW5-330、KW4、KW5-500型。随着 SF_6 断路器的广泛应用，空气断路器已被淘汰。

图 2-7   空气断路器

四、真空断路器

真空断路器开断能力强，开断时间短、体积小、占用面积小、无噪声、无污染、寿命长，可以频繁操作，检修周期长。真空断路器目前在我国的配电系统中已逐渐得到广泛应用，如图 2-8 所示。

图 2-8   真空断路器

真空断路器是以真空作为灭弧介质和绝缘介质的。由于这种断路器在灭弧过程中没有气体的冲击，故在关合或断开时，对断路器杆件的振动较小，可频繁操作，如图 2-9 所示。真空断路器还具有灭弧速度快、触头不易氧化、体积小、寿命长等优点。我国已生产 10、35kV 电压级真空断路器。

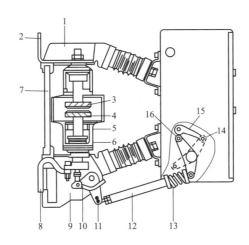

图 2-9　真空断路器结构

1—上支架；2—上接线端子；3—静触头；4—动触头；5—外壳；6—伸缩软管；7—绝缘杆；8—下接线端子；
9—下支架；10—导向杆；11—角杆；12—绝缘耦合器；13—触点弹力压簧；
14—闭合位置；15—释放棘爪；16—断路位置

五、SF₆ 断路器

LW8-35 型 SF₆ 断路器如图 2-10 所示。

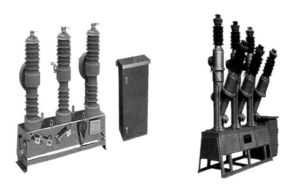

图 2-10　LW8-35 型-SF₆ 断路器

LW9-126 型 SF₆ 断路器如图 2-11 所示。

LW6-252 型 SF₆ 断路器如图 2-12 所示。

并联电容：

（1）在开断位置使每个断口的电压均匀分配，开断过程中每个断口的恢复电压均匀分配，每个断口的工作条件接近相等。

（2）在分闸过程中，当电弧电流过零后，降低断路器触头间弧隙的恢复电压速度，提高禁区故障开断能力。

LW6 型断路器配用的液压操动机构内，装有分合闸电磁铁、控制阀、三极阀、油压开关、信号缸、防振容器、辅助储压器、电动油泵等液压元件，如图 2-13 和图 2-14 所示。

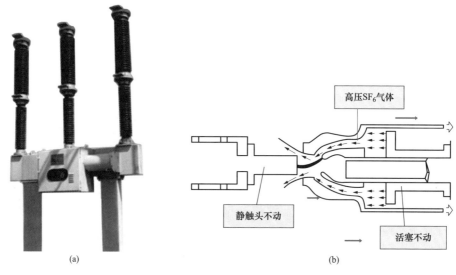

图 2-11　LW9-129 型 SF$_6$ 断路器

（a）外观图；（b）压气式灭弧装置的工作原理

图 2-12　LW6-252 型 SF$_6$ 断路器

图 2-13　LW6 型断路器液压操动机构整体结构图

图 2-14 LW6 型断路器液压元件

LW15 型断路器所配的气动机构如图 2-15 所示。

图 2-15 LW15 型断路器

ABB-500 型断路器如图 2-16 所示。

SF_6 断路器采用具有优良灭弧能力（空气的 100 倍）和绝缘能力（2.33 倍）的 SF_6 气体作为灭弧介质，具有开断能力强、动作快、体积小等优点，但金属消耗多，价格较贵。近年来 SF_6 断路器发展很快，在高压和超高压系统中得到广泛应用。尤其以 SF_6 断路器为主体的封闭式组合电器，是高压和超高压电器的重要发展方向。

图 2-16　ABB-500 型断路器

第三章　互　感　器

第一节　互感器的作用及类型

1. 互感器的作用

（1）将一次回路的高电压和大电流变为二次回路的标准值，使测量仪表和保护装置标准化。

（2）所有二次设备可用低电压、小电流的电缆连接，二次设备的绝缘水平能按低电压设计，结构轻巧，价格便宜。便于集中管理，可实现远方控制和测量。

（3）二次回路不受一次回路的限制。

（4）使二次侧的设备与高电压部分隔离，且互感器二次侧要有一点接地，保证二次系统设备和工作人员的安全。

2. 互感器的类型

第二节　电磁式电流互感器

一、工作原理

电磁式电流互感器的工作原理见图 3-1 和式（3-1）。

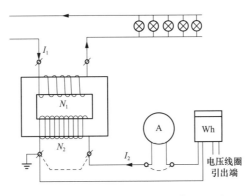

图 3-1　电磁式电流互感器工作原理图

$$K_I = I_{N1}/I_{N2} \approx N_{N2}/N_{N1} \tag{3-1}$$

正常工作时，磁动势 $N_1 I_1 + N_2 I_2 = N_1 I_0$，$N_1 I_1$ 和 $N_2 I_2$ 互相抵消一大部分，激磁磁势 $N_1 I_0$，数值不大。

二次回路不允许开路。二次电路开路时，$N_2 I_2$ 等于零，激磁磁势猛增到 $N_1 I_1$，铁芯中磁感应强度猛增，造成铁芯磁饱和。铁芯饱和致使随时间变化的磁通 Φ 的波形由正弦波变为平顶波，在磁通曲线 Φ 过零前后，磁通 Φ 在短时间内从 $+\Phi_m$ 变为 $-\Phi_m$，使 $\mathrm{d}\Phi/\mathrm{d}t$ 值很大。

(1) 磁通急剧变化时，二次绕组内将感应很高的尖顶波电势 e_2（$e_2 = -\mathrm{d}\Phi/\mathrm{d}t$），危及工作人员的安全，威胁仪表和继电器以及连接电缆的绝缘。

(2) 磁路的严重饱和还会使铁芯严重发热，若不能及时发现和处理，会使电磁式电流互感器烧毁，导致电缆着火。

(3) 在铁芯中产生剩磁，影响电磁式电流互感器的特性。

二、测量误差

电磁式电流互感器的测量误差等值电路和相量图如图 3-2 所示。

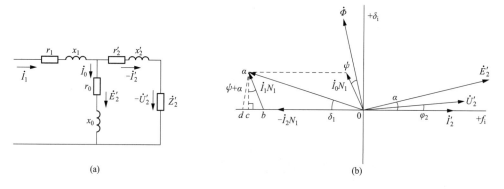

图 3-2　电磁式电流互感器测量误差等值电路和相量图
(a) 等值电路；(b) 相量图

电流误差（比误差）f_i，为二次电流的测量值 I_2 乘以额定电流比 K_I 所得的值 $K_I I_2$ 与实际一次电流 I_1 之差，以后者的百分数表示：

$$f_i = \frac{K_I I_2 - I_1}{I_1} \times 100\% \tag{3-2}$$

相位差 δ_i 为旋转 $180°$ 的二次电流相量 $-I_2$ 与一次电流相量 I_1 之间的夹角，并规定 $-I_2$ 超前 I_1 时，相位差 δ_i 为正值。

三、准确级与额定容量和额定二次负荷

1. 测量用电流互感器的准确级

测量用电流互感器的准确级用在额定电流下所规定的最大允许电流误差的百分数来标称。标准的准确级为 0.1、0.2、0.5、1、3、5 级。供特殊用途的为 0.2S 和 0.5S 级。

（1）二次负荷在欧姆值为额定负荷值的 25%～100% 之间的任一值时，其额定频率下的电流误差和相位误差不超过限值。

（2）对于 0.2S 和 0.5S 级测量用电流互感器，在二次负荷欧姆值为额定负荷值的 25%～100% 之间任一值时，其额定频率下的电流误差和相位误差不应超过限值。

（3）对于 3 级和 5 级，在二次负荷欧姆值为额定负荷值的 50%～100% 之间任一值时，其额定频率下的电流误差和相位误差不应超过限值。

2. 保护用电流互感器的准确级

保护用电流互感器按用途分为稳态保护用电流互感器和暂态保护用电流互感器。

（1）稳态保护用电流互感器分为 P、PR、PX 类。其中 P 类为准确限值规定为稳态对称一次电流下的复合误差的电流互感器；PR 类是剩磁系数有规定限值的电流互感器；而 PX 类是一种低漏磁的电流互感器。P 类和 PR 类电流互感器的准确级以在额定准确限值一次电流下的最大允许复合误差的百分数标称，标准准确级为 5P、10P、5PR 和 10PR。P 类和 PR 类电流互感器在额定频率及额定负荷下，电流误差、相位误差和复合误差应不超过限值。

（2）暂态保护用电流互感器（TP 类）指能满足短路电流具有非周期分量的暂态过程性能要求的保护用电流互感器，分为 TPS 级、TPX 级、TPY 级和 TPZ 级。

3. 额定容量和额定二次负荷

额定容量 S_{e2} 指电流互感器在额定二次电流 I_{e2} 和额定二次阻抗 Z_{e2} 下运行时，二次绕组输出的容量。

由于电磁式电流互感器的额定二次电流为标准值（5A 或 1A），为了便于计算，有些厂家常提供电磁式电流互感器额定二次阻抗 Z_{e2}。二次阻抗 Z_{e2} 10% 误差曲线〔保证电流误差不超过－10% 的条件下，一次电流的倍数 n（$n = I_1/I_{N1}$）与允许最大二次负荷阻抗 Z_2 的关系曲线〕如图 3-3 所示。

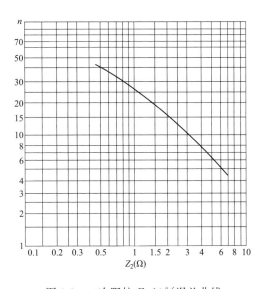

图 3-3　二次阻抗 Z_{e2} 10% 误差曲线

四、分类和结构

1. 电磁式电流互感器的分类

（1）按功能分为测量用电流互感器、保护用电流互感器。

（2）按安装地点分为户内式、户外式电磁式电流互感器。

（3）按安装方式分为穿墙式、支持式、套管式穿电磁式电流互感器。

（4）按绝缘方式分为干式、浇注式、油浸式电磁式电流互感器。

（5）按一次绕组匝数分为单匝式、多匝式电磁式电流互感器。

（6）按变流比分为单变流比、多变流比电磁式电流互感器。

2. 电磁式电流互感器的结构

电磁式电流互感器结构原理图如图 3-4 所示。

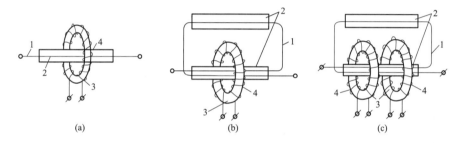

图 3-4　电磁式电流互感器结构原理图

10kV 电磁式电流互感器结构如图 3-5 所示。

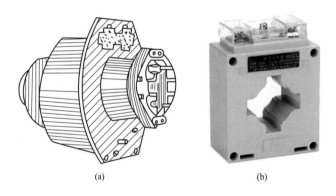

图 3-5　10kV 电磁式电流互感器结构图

（a）结构图；（b）外形图

35kV 电磁式电流互感器结构如图 3-6 所示。

110kV 电磁式电流互感器结构如图 3-7 所示。

220kV 电磁式电流互感器结构如图 3-8 所示。

新型 500kV 电磁式电流传感器如图 3-9 所示。

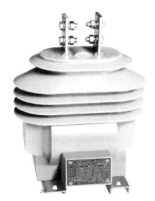

图 3-6　35kV 电磁式电流互感器结构图

图 3-7　110kV 电流互感器结构图

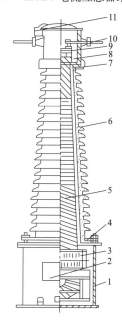

图 3-8　220kV 电磁式电流互感器结构图

1—油箱；2—二次接线盒；3—环形铁芯及二次绕组；4—压圈式卡接装置；5—U 字形一次绕组；6—瓷套管；

7—均压护罩；8—储油柜；9——次绕组切换装置；10——次出线端子；11—呼吸器

图 3-9　新型 500kV 电磁式电流传感器

五、电磁式电流互感器的接线

单相式接线用于测量对称三相负荷的一相电流。

星形接线用于测量三相负荷电流，以监视每相负荷的不对称情况。

两相式接线其中一相电流表连接在回线中，回线电流等于 A 相与 C 相电流之和，即等于 B 相电流。

电磁式电流互感器的接线如图 3-10 所示。

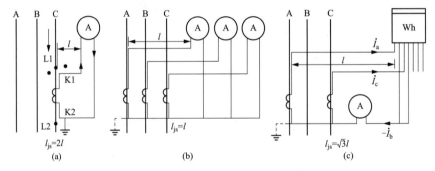

图 3-10　电磁式电流互感器的接线

（a）单相式；（b）星形；（c）两相式

电流互感器的减极性标示，当一次绕组加直流电压，电流从 L1 流入绕组时，二次绕组的感应电流从 K1 端流出，如图 3-11 所示。

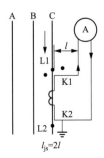

图 3-11　电流互感器的减极性标示

第三节 电磁式和电容分压式电压互感器

一、电磁式电压互感器

电磁式电压互感器的工作原理见图 3-12 和式（3-3）。

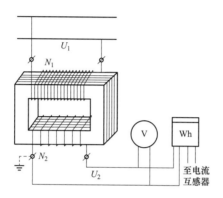

图 3-12 电磁式电压互感器的工作原理

$$K_u = U_{N1}/U_{N2} \tag{3-3}$$

1. 电磁式电压互感器的特点

电压互感器一次侧的电压（即电网电压）不受互感器二次侧负荷的影响；接在电压互感器二次侧的阻抗很大，通过的电流很小，电压互感器的工作状态接近于空载状态，二次电压接近于二次电势值，并取决于一次电压值。

电压互感器的额定变压比为：

$$K_u = U_{e1}/U_{e2} \tag{3-4}$$

式中　U_{e1}——电压互感器一次绕组的额定电压；

　　　U_{e2}——电压互感器二次绕组的额定电压。

2. 电磁式电压互感器的测量误差

电压误差 f_u 为：

$$f_u = \frac{K_u U_2 - U_1}{U_1} \times 100\% \tag{3-5}$$

相位差 δ_u 为旋转 180° 后的二次电压相量 $-U_2'$ 与一次电压相量 U_1 之间的夹角，并规定 $-U_2'$ 超前于 U_1 时，相位差 δ_u 差为正值。

电磁式电压互感器等值电路和相量图如图 3-13 所示。

影响电压互感器误差的因素有以下 4 个方面：

（1）互感器一、二次绕组的电阻和感抗。

（2）激磁电流 I_0。

（3）二次负荷电流 I_2。

（4）二次负荷的功率因数 $\cos\phi_2$。

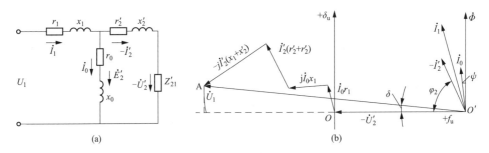

图 3-13　电磁式电压互感器等值电路和相量图
（a）等值电路；（b）相量图

3. 准确级和额定容量

电压互感器的准确级是指在规定的一次电压和二次负荷变化范围内，负荷功率因数为额定值时误差的最大限值。

额定容量对应于每个准确级，每台电压互感器规定一个额定容量。

在功率因数为 0.8（滞后）时，额定容量标准值为 10、15、25、30、50、75、100、150、200、250、300、400、500VA。电压误差和相位差限值见表 3-1。

表 3-1   电压误差和相位差限值

用途	准确级	误差限值			一次电压，频率，二次负荷、功率因数变化范围			
		电压误差（±%）	相位差		电压（%）	频率范围（%）	负荷（%）	负荷功率因数
			±(′)	±crad				
测量	0.1	0.1	5	0.15	80～120	99～101	25～100	0.8（滞后）
	0.2	0.2	10	0.3				
	0.5	0.5	20	0.6				
	1	1.0	40	1.2				
	3	3.0	未规定	未规定				
保护	3P	3.0	120	3.5	5～150 或 5～190	96～102		
	6P	6.0	240	7.0				
剩余绕组	6P	6.0	240	7.0				

4. 铁磁谐振及防谐措施

当电力系统操作或其他暂态过程引起互感器暂态饱和而感抗降低时，与电力网中的分布电容或杂散电容在一定条件下可能形成铁磁谐振。

铁磁谐振产生的过电流和高电压可能造成互感器损坏。特别是低频谐振时，互感器相应的励磁阻抗大幅降低从而导致铁芯深度饱和，励磁电流急剧增大，高达额定值的数十倍至百倍以上，从而严重损坏互感器。

在中性点不接地系统中，对铁磁谐振的防谐措施有以下几个方面：

（1）在电压互感器开口三角或互感器中性点与地之间接入专用的消谐器。

（2）选用三相防谐振电压互感器。

（3）增加对地电容破坏谐振条件。

在中性点直接接地系统中，采用人为破坏谐振条件的方式。

5. 电磁式电压互感器分类

电磁式电压互感器的分类方式有以下 4 种：

（1）按安装地点分为户内式和户外式。

（2）按相数分为单相式和三相式。

（3）按绕组数可分为双绕组式和三绕组式。

（4）按绝缘结构可分为干式、浇注式、充气式和油浸式。

油浸电磁式电压互感器按其结构可分为普通式和串级式。额定电压 3～35kV 油浸式电压互感器制成普通式结构，其铁芯和绕组浸在充有变压器油的油箱内，绕组通过固定在箱盖上的瓷套管引出。电压为 60kV 及以上的电压互感器普遍制成串级式结构。这种结构的主要特点是，绕组和铁芯采用分级绝缘，以简化绝缘结构；铁芯和绕组放在瓷箱中，瓷箱兼作高压出线套管和油箱。

JCCl-110 型串级式电压互感器的结构如图 3-14 所示。一个"口"字型铁芯采用悬空式结构，用四根电木板支撑着。电木板下端固定在底座上。原绕组分成匝数相等的两部分，绕成圆筒式安置在上、下铁柱上。原绕组的上端为首端，下端为接地端，其中点与铁芯相连，使铁芯对地电位为原绕组电压的一半。一般平衡绕组是安放得最靠近铁芯柱。依次向外的顺序是：原绕组、基本副绕组、辅助副绕组。基本副绕组和辅助副绕组都放置在下铁芯柱上。上、下铁芯柱都绕有平衡绕组。瓷外壳装在钢板做成的圆形底座上。原绕组的尾端、基本副绕组和辅助副绕组的引线端从底座下引出。原绕组的首端从瓷外壳顶部的油扩张器引出。油扩张器上装有吸潮器。

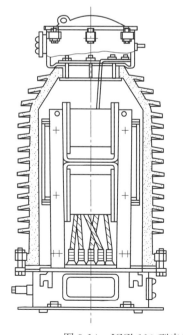

图 3-14　JCCl-110 型串级式电压互感器的结构图

220kV 串级式电压互感器的原理接线图如图 3-15 所示。互感器由两个铁芯组成，一次绕组分成匝数相等的四个部分，分别套在两个铁芯上、下铁柱上，按磁通相加方向顺序串联，接在相与地之间。每一单元线圈中心与铁芯相连。二次绕组绕在末级铁芯的下铁柱上。当二次绕组开路时，线圈电位均匀分布，线圈边缘线匝对铁芯的电位差为 $U_{xg}/4$（U_{xg} 为相对地电压）。串级式结构可以大量节约绝缘材料和降低造价。

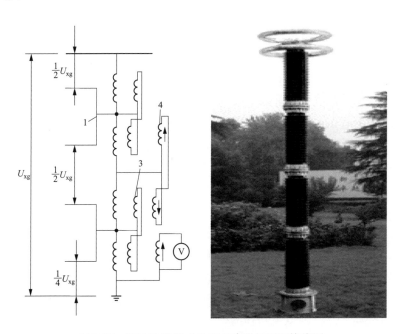

图 3-15　220kV 串级式电压互感器的原理接线图

220kV 串级式电压互感器中连耦线圈的作用是：当二次接通负荷后，由于二次负荷电流的去磁作用，使末级铁芯内的磁通小于其他铁芯内磁通，从而使各单元感抗不等、电压分布不均，准确度会降低。为了避免这一现象，在两铁芯相邻的铁柱上绕有匝数相等的连耦线圈（绕向相同，反向对接）。这样，当某一单元的磁通变动时，连耦线圈内出现电流，该电流使磁通较大的铁芯去磁，而使磁通较小的铁芯增磁，达到各级铁芯内磁通大致相等，各元件线圈电压均匀分布的目的。在同一铁芯的上、下铁柱上，还设有平衡线圈（绕向相同，反相对接），其作用与连耦线圈相似，借助平衡线圈内电流，使两柱上的磁势得到平衡。

二、电容分压式电压互感器

电容分压式电压互感器（CCVT）的原理接线图如图 3-16 所示。

$$U_{C2} = \frac{C_1 U_1}{C_1 + C_2} = K U_1$$

式中　K——分压比，$K = C_1/(C_1 + C_2)$；

　　　U_1——装置的相对地电压，改变 C_1 和 C_2 的比值，可得到不同的分压比。

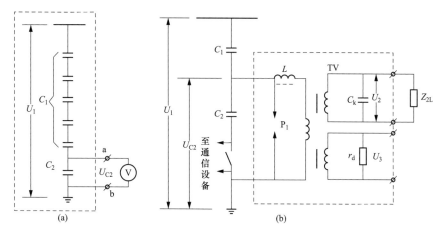

图 3-16　电容分压式电压互感器的原理接线图

（a）工作原理图；（b）接线图

图 3-16 中，L 为补偿电抗，可补偿电容分压器的内阻抗。将测量仪表经电压互感器后与分压器连接，减小分压器的输出电流以减少误差。r_d 为阻尼电阻，在电压互感器二次侧单独设置一只线圈，接入阻尼电阻 r_d，用以抑制铁磁谐振过电压。C_k 为补偿电容器，用来补偿电磁式电压互感器的磁化电流和二次侧负荷电流的无功分量，亦能减小测量装置的误差。P_1 为放电间隙，用以保护电压互感器的原绕组和补偿电抗器 L，防止因受二次侧短路所产生的过电压而造成的损坏。

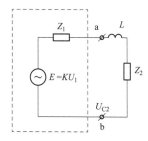

图 3-17　电容分压器简化图

电容分压器简化成的含源一端口网络如图 3-17 所示。内阻抗 Z_1 为电源短路后，自 a 点和 b 点所测得的内阻抗为：

$$Z_1 = \frac{1}{j\omega(C_1 + C_2)} \tag{3-6}$$

当接通负荷后，负荷电流将在 Z_1 上产生压降，使 U_{c2} 降低。

在 a 和 b 回路中加入电感 L，则内阻抗为：

$$Z_1 = j\omega L + \frac{1}{j\omega(C_1 + C_2)} \tag{3-7}$$

当 $\omega L + \dfrac{1}{\omega(C_1 + C_2)}$ 时，$Z_1 = 0$。可知，输出电压 U_{c2} 与负荷无关。

电容式电压互感器供 110kV 级及以上中性点直接接地系统测量电压之用，其优点有以下几个方面：

（1）除作为电压互感器用外，还可将其分压电容兼做高频载波通讯的耦合电容。

（2）电容分压式电压互感器的冲击绝缘强度比电磁式电压互感器高。

（3）体积小，重量轻，成本低。

（4）在高压配电装置中占地面积很小。

缺点为，误差特性和暂态特性比电磁式电压互感器差，输出容量较小。

三、电磁式和电容式电压互感器的接线

单相电压互感器用来测量任意两相之间的线电压，如图 3-18 所示。

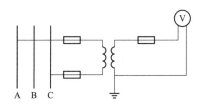

图 3-18   单相电压互感器接线图

两只单相电压互感器接成不完全星形接线（V-V 形），测量线电压，不能测量相电压。这种接线广泛用于小接地短路电流系统中，如图 3-19 所示。

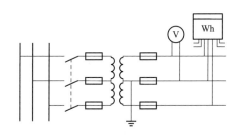

图 3-19   两只单相电压互感器接成不完全星形接线图

三只单相三绕组电压互感器接成星形接线，且原绕组中性点接地，线电压和相对地电压都可测量。在小接地电流系统中，可用来监视电网对地绝缘的状况，如图 3-20 所示。

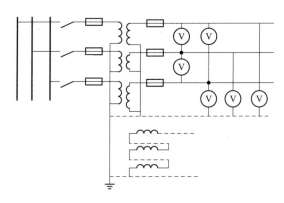

图 3-20   三只单相三绕组电压互感器接成星形接线图

三相三柱式电压互感器的接线，可用来测量线电压。不许用来测量相对地的电压，即不能用来监视电网对地绝缘，因此它的原绕组没有引出的中性点，如图 3-21 所示。

三相五柱式电压互感器，测量线电压和相电压，可用于监视电网对地的绝缘状况和实现单相接地的继电保护，如图 3-22 所示。

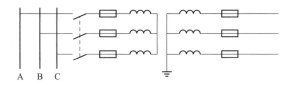

图 3-21　三相三柱式电压互感器的接线图

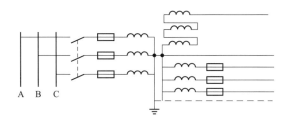

图 3-22　三相五柱式电压互感器的接线图

电容式电压互感器的接线，测量线电压和相电压，可用于监视电网对地的绝缘状况和实现单相接地的继电保护，适用于 110～500kV 的中性点直接接地电网，如图 3-23 所示。

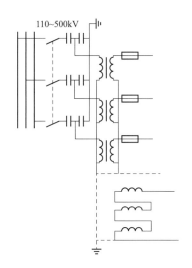

图 3-23　电容式电压互感器的接线图

对电压互感器接线的要求有以下几个方面：

（1）电压互感器的电源侧要有隔离开关。

（2）在 35kV 及以下电压互感器的电源侧加装高压熔断器进行短路保护。

（3）电压互感器的负载侧也应加装熔断器，用来保护过负荷。

（4）60kV 及以上的电压互感器，其电源侧可不装设高压熔断器。

（5）三相三柱式电压互感器不能用来进行交流电网的绝缘监察。

（6）电压互感器二次侧的保安接地点不许设在二次侧熔断器的后边，必须设在二次侧熔断器的前边。

（7）凡需在二次侧连接交流电网绝缘监视装置的电压互感器，其一次侧中性点必须接地，否则无法进行绝缘监察。

四、光电式互感器

（一）光电式互感器的结构

一种新型的互感器，他们利用半导体集成电路技术、激光技术、光纤传输技术开发研制出了光电式电流互感器（OCT）、光电式电压互感器（OVT）和组合式光电互感器（OMU）。光电式互感器具有传统式互感器不可比拟的优点，包含以下几个方面：

（1）体积小，重量轻。

（2）无铁芯、不存在磁饱和和铁磁谐振问题。

（3）暂态响应范围大，频率响应宽。

（4）抗电磁干扰性能佳。

（5）无油化结构，绝缘可靠、价格低。

（6）便于向数字化、微机化发展。

光电式互感器的一般结构如图 3-24 所示。

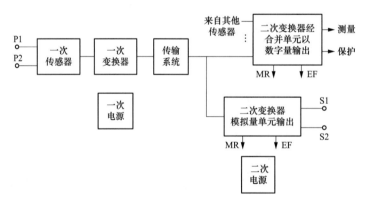

图 3-24　光电式互感器的一般结构

EF—设备失效；MR—维护申请

光电式互感器的结构包括一次传感器及变换器、传输系统、二次变换器及合并单元。

二次输出分为模拟量和数字量两类。数字输出一般是经合并单元将多个传感器的采样量合并变为数字量输出。一个合并单元最多可输入 7 个电流传感器和 5 个电压传感器的采样量。供给测量和继电保护的数字量一般分别输出。

光电式电流互感器模拟量输出为二次电压，其额定值的标准值以方均根值 U 表示为 22.5mV、150mV、200mV、225mV、4V。其中，额定二次电压 4V 仅用于测量目的。额定负荷的标准值以电阻表示为 2kΩ、20kΩ、2MΩ。

光电式电压互感器模拟量输出二次电压额定值以方均根值 U 表示为 1.625V、3.25V、6.5V、100V。输出容量当二次电压小于 10V 时，以伏安（VA）表示的标准值为 0.001、0.01、0.1、0.5。当二次电压大于 10V 时，以 VA 表示的标准值为 1、2.5、5、10、15、25、30。

光电式互感器的数字量输出，根据 IEC 60044-8 规定由串行、单向、一发多收、点对点链路送出。

发信的是合并单元，收信的可能有保护、测量仪表、监控单元及过程总线等。

(二) 光电式电流互感器 (OCT)

光电式电流互感器发展到 20 世纪末，其原理与结构普遍集中到有源型、无源型及全光纤型三类。

1. 有源型光电式电流互感器

高压侧电流信号通过采样线圈将电信号传递给发光元件而变成光信号，再由光纤传递到低电位侧，进行逆变换成电信号后放大输出。高压侧电子器件的电源来源于光供电方式、母线电流供电方式、电池供电方式以及超声电源供电方式。

有源型光电式电流互感器工作原理如图 3-25 所示。

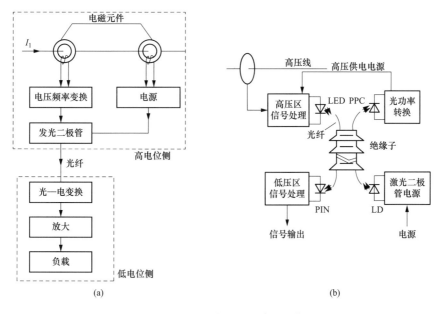

图 3-25　有源型光电式电流互感器工作原理图
(a) 方框图；(b) 原理图

高压区信号的处理：被测高压电流信号经过传感头（Rogowski 线圈）变换为适当的电信号；再把电信号输入调制器，用调制器的输出去驱动光源（发光二极管 LED），以便用数字方法调制作为载波的光波。在光源处实现电—光变换，把电信号变为携带信息的光信号。光信号通过传输媒介光纤传到接受部分。

低压区信号的处理：在低压区的接收部分是一个信号解调电路，它先由光电探测器（PIN 光电二极管）实现光—电转换，把携带信息的光信号变为电信号。然后把光电探

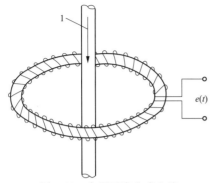

图 3-26　有源型光电式电流
互感器工作原理图

测器输出的信号经过前级放大后再进行解调，然后一路送入 D/A 转换器进行模拟信号的还原，另一路直接送入计算机或数字信号处理器件进行信号的处理和计算，并采用软件方法对信号进行误差矫正。

有源型光电式电流互感器的传感头不是光学元件，而是采用空心线圈（即 Rogowski 线圈），其工作原理仍基于电磁感应原理，但与常规电磁互感器不同，它的线圈骨架为一非磁性材料，如图 3-26 所示。

它的感应输出为：

$$e(t) = -\frac{d\Phi}{dt} = -\frac{NS\mu_0}{L}\frac{dl}{dt} \qquad (3\text{-}8)$$

式中　N——小线圈匝数；

　　　S——小线圈截面积；

　　　L——线圈骨架周长；

　　　μ_0——真空磁导率。

对线圈输出进行模拟或数字积分处理，则其输出为：

$$V_i = \frac{1}{RC}\int e(t)\,dt = KI \qquad (3\text{-}9)$$

V_i 直接反映了被测电流 I 的大小，通过测量 V_i，即可测得被测电流 I。

2. 无源型光电式电流互感器

无源型光电式电流互感器的特点是，整个系统的线性度比较好，灵敏度可以做得较高；绝缘性能好。其缺点是精度和稳定性易受温度、振动的影响。

法拉第磁光效应的基本原理是，当一束线偏振光通过置于磁场中的磁光材料时，线偏振光的偏振面就会线性地随着平行于光线方向的磁场大小发生旋转，如图 3-27 所示，通过测量通流导体周围线偏振光偏振面的变化，就可间接地测量出导体中的电流值。

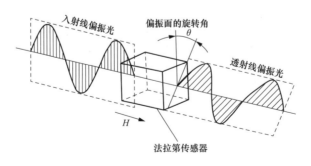

图 3-27　法拉第磁光效应的基本原理

用算式表示为：

$$\theta = V\int H\mathrm{d}L \tag{3-10}$$

式中　θ——线偏振光偏振面的旋转角度；

　　　V——磁光材料的维尔德（verdet）常数；

　　　L——磁光材料中的通光路径；

　　　H——电流 I 在光路上产生的磁场强度。

式（3-10）右边的积分只跟电流 I 及磁光材料中的通光路径与通流导体的相对位置有关，故可表示为：

$$\theta = VKI \tag{3-11}$$

式中　K——只跟磁光材料中的通光路径和通流导体的相对位置有关的常数，当通光路径为围绕通流导体 1 周时，$K=1$。

只要测定 θ 的大小，就可测出通流导体中的电流，如图 3-28～图 3-30 所示。

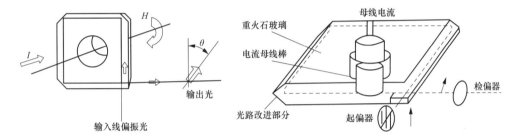

图 3-28　闭环式块状玻璃传感头原理图　　　　图 3-29　改进后的双正交反射方案

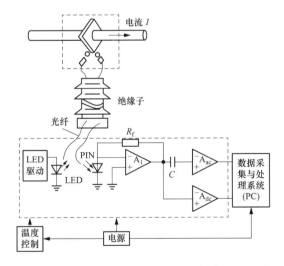

图 3-30　磁光式无源型光电式电流互感器原理图

LED—发光二极管；PIN—光电探测器；A_{ac}—交流放大器；A_{dc}—直流放大器

3. 全光纤型光电式电流互感器

全光纤型光电式电流互感器为无源型，传感头由光纤本身制成，如图 3-31 所示。

优点是传感头结构最简单，比无源型易于制造，精度及寿命与可靠性比无源型要高。缺点是光纤是保偏光纤，比普通光纤特殊，要做出有高稳定性的光纤很困难，且造价昂贵。

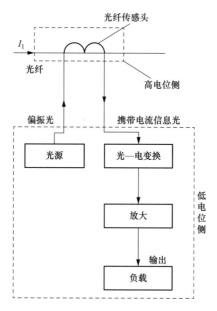

图 3-31　全光纤型光电式电流互感器的结构图

（三）光电式电压互感器（OVT）

1. 光电式电压互感器（OVT）的基本原理

光电式电压互感器（OVT）的基本原理主要基于以下三种效应：①电光效应；②逆压电效应；③分压效应。

2. 基于电光效应的电压互感器

光学的电光效应（Pockels 效应）指某些晶体在没有外电场作用时，其各向同性，光率体为一圆柱体。在外电场作用下，导致其入射光折射率改变，这种折射率的变化将使某一方向入射晶体的偏振光产生的电光相位延迟，且延迟量与外加电场强度成正比。其表达式为：

$$\Delta n = KE \tag{3-12}$$

式中　Δn ——入射光的折射率；

E——外加电场强度；

K——常数。

测量光的折射率通常是通过干涉法进行间接测量，其基本结构主要由传感头、信号传输光纤和测量系统组成，如图 3-32 所示。

BGO 光纤电压传感头的工作原理和结构，如图 3-33 所示。它由起偏器、1/4λ 波长片、BGO 晶体、检偏器构成。

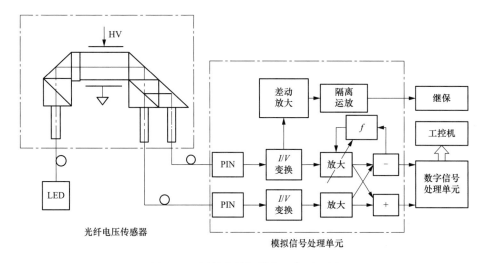

图 3-32　测量光的折射率工作原理图

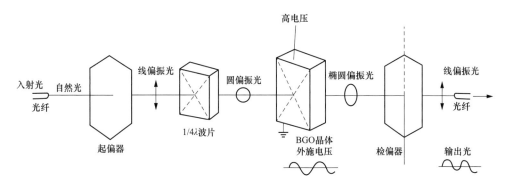

图 3-33　BGO 光纤电压传感头的工作原理和结构图

光纤传输的自然光经透镜准直，由起偏器变成线偏振光。经 1/4λ 波片将偏振光再变成圆偏振光。由于加在 BGO 晶体上的电压或电场的作用，这个圆偏振光又变成椭圆偏振光，经检偏器检偏后的光信号，其调制度相当于交流电压或电场。因而，加在 BGO 上的电信号可以通过检测光信号来测量。

3. 基于逆压电效应的电压互感器

逆压电效应指当压电晶体受到外加电场作用时，晶体除了产生极化现象外，同时形状也产生微小变化即产生应变。利用逆压电效应引起晶体形变转化为光信号的调制并检测光信号，则可以实现电场（或电压）的光学传感，如图 3-34 所示。

逆压电效应的电压互感器的特点包括以下几个方面：

（1）采用石英晶体作为敏感器件，晶体圆柱表面缠绕椭圆芯双模光纤。

（2）当交流电压施加在晶体上时，引起晶体的交变形变，这种形变由椭圆形双模光纤感知，光纤的两种空间模式在传播中将经过调制的光学相位差通过弱相干干涉法测量得到。

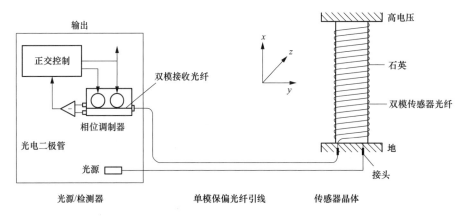

图 3-34   逆压电效应的电压互感器结构原理图

（3）除了石英晶体外，这种传感器是一种不需要类似准直仪、起偏器、波片等光学分离元件的全光纤传感器。

（4）具有较低的复杂性，且成本低。

4. 基于分压效应的电压互感器

母线电压经电容器串联而取得分压，经传感器的 Pockels 晶体，把电信号转换为光信号，光信号由光纤传送到信号处理器，把光信号再转换为电信号，输出电压，如图 3-35 所示。通常有两种取压方法，即从高电位端取压和从低电位端取压。

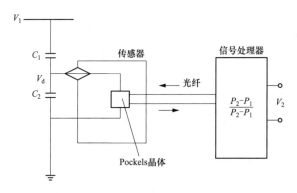

图 3-35   基于分压效应的电压互感器

（四）组合式光电互感器（OMU）

组合式光学电压电流互感器主要有两种：

（1）基于 Pockels 电光效应和法拉第磁光效应的组合式光电互感器。

（2）基于 Rogowski 空心线圈和电容分压原理的组合式光电互感器。

基于 Pockels 电光效应和法拉第磁光效应的组合式光电互感器由基于 Pockels 晶体纵向电光效应的光电电压互感器和火石玻璃法拉第磁光效应的光电电流互感器组合而成。电压和电流传感器置于充满 SF_6 气体的复合瓷套内，复合瓷套由起支柱作用的玻璃纤维筒和硅橡胶伞裙组成，如图 3-36 所示。

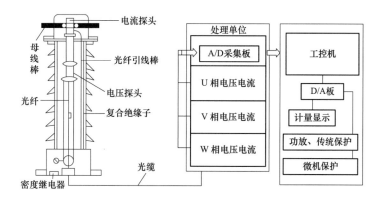

图 3-36 基于 Pockels 电光效应和法拉第磁光效应的组合式光电互感器

第四章　避　雷　器

第一节　雷击故障及防雷措施

雷害事故是架空输电线路最频发的事故，我国历年送电事故统计中，雷害事故平均占60％以上。在雷曝日平均40日以上的多雷地区和强雷地区，雷害事故可达送电事故的70％以上。因此，线路防雷工作在架空输电线路的安全运行工作中是一项十分重要的工作。

一、线路遭受雷击的形式及危害

（一）线路遭受雷击的形式

1. 感应雷

感应雷是当雷击于线路附近地面时，在雷电放电的先导阶段，先导路径中充满了电荷（如负电荷），它对导线产生了静电感应，在先导路径附近的导线上积累了大量的异号束缚电荷（正电荷）。当雷击大地后，主放电开始，先导路径中的电荷自下而上被迅速中和，这时导线上的束缚电荷转变为自由电荷，向导线两侧流动。由于主放电的速度很快，所以导线中的电流也很大，感应电压波（正极性）$U=IZ$就会达到很大的数值，如图4-1所示。

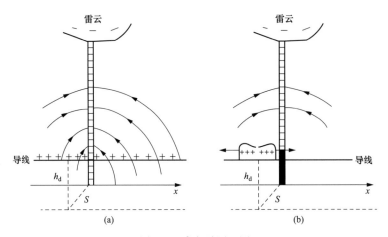

图 4-1　感应雷原理图

（a）静电感应；（b）磁场感应

由感应雷形成的感应过电压数值一般为100～200kV，最大不超过600kV。因此其对110kV以上线路的危害不大，但足以破坏35kV及以下的输电线路。

2. 直击雷

直击雷指带电的雷云直接对架空线路的地线、杆塔顶或导线、绝缘子等放电，以波的形式分左右两路前进而引起直击雷过电压的现象，如图 4-2 所示。

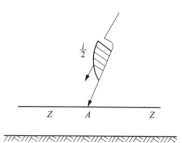

图 4-2　直击雷原理图

直击雷过电压对于任何电压等级的线路都是危险的。

线路的雷电过电压除雷击杆顶之外，通常还有三种情况：①雷电击于无避雷线的导线；②雷电绕过避雷线击于导线；③雷击于档距中央附近的避雷线。

根据观测，有 75％～90％的雷电流是负极性的（即雷云带负电荷），故主要是研究负极性时的情况。

一天内只要听到雷声就算一个雷暴日。雷暴日的多少与纬度有关，也与地形有关。由于山地局部热雷云的影响，雷电通常比平原多，相对比值约为 3∶1。

（二）雷击对线路的危害

（1）绝缘子串闪络，电源开关跳闸，严重时引起绝缘子串炸裂或绝缘子串脱开，形成永久性的接地故障，如图 4-3 所示。

图 4-3　感应雷雷击跳闸时零质绝缘子钢帽炸裂照片

（2）雷击导线引起绝缘闪络，造成单相接地或相间适中短路，其短路电流可能把导线、金具、接地引下线烧伤甚至烧断。其烧伤的严重程度取决于短路功率及其作用的持续时间。

（3）架空地线档中落雷时，在与放电通道相连的那部分地线上，有可能灼伤、断股、强度降低，以致断地线。

（4）当线路遭受雷击时，由于导线、地线上的电压很高，还可能把交叉跨越的间隙或者杆塔上的间隙击穿。

二、防雷保护措施

国家电网公司规定，各电压等级线路的雷击跳闸率在现阶段应达到以下目标：110（60）kV 为 0.525 次/(100km·a)、220kV 为 0.315 次/(100km·a)、330kV 为 0.2 次/(100km·a)、500kV 为 0.14 次/(100km·a)，35kV 线路暂时不考核雷击跳闸率。

四道防线如下：

（1）避雷线——防止线路遭受直击雷，引雷入地。

（2）改善线路的接地或加强线路的绝缘——保证地线遭雷击后不引起间隙击穿而使绝缘闪络。

（3）减小线路绝缘上的工频电场强度或采用中性点非直接接地系统——保证即使线路绝缘受冲击发生闪络，也不至于变为两相短路或跳闸。

（4）采用自动重合闸或采用双回路或环网供电——保证即使线路跳闸也不至于中断供电。

防雷措施：架设避雷线、适当加强线路绝缘、采用差绝缘方式、架设耦合地线、耦合地埋线、预放电棒与负角保护针（侧向避雷针）、升高避雷线减小保护角、塔顶避雷针、装设消雷器、加装悬挂式避雷器。

防雷保护实例如下：

1982 年，美国 AEP 和 GE 公司开发的线路避雷器，在 138kV 线路上试用，在 25 基杆塔上共安装了 75 只，这些杆塔的接地电阻都在 100Ω 以上（最大达 210Ω）。这条线路原来跳闸率很高，一般年份都在 2～3 次/(100km·a)，自安装了线路避雷器后，其雷击故障率大大降低。

1987 年，日本开发的线路避雷器，在 275kV 线路上试运行。1990 年，开始在 500kV 同塔双回线路的一回线上运行，旨在防止 500kV 同塔双回线路的同时闪络跳闸。据报道，到 20 世纪 90 年代中期，日本的线路型金属氧化物避雷器总运行数达 35000 支。均取得了良好的运行效果。

我国在江苏省 220kV 谏奉线长江大跨越段，应用线路避雷器是一个典型的成功例子。该线路跨越塔高 106m，原设计为单回路，后改成为双回线路，其顶端两根避雷线改为运行的相导线，成为无避雷线的双回路跨江段。这一段大跨塔的防雷措施采用避雷器，在 2 基高塔顶上两相导线与横担之间安装了日本日立公司生产的 ZLA-X25C 型金属氧化物避雷器（这种避雷器具有 0.5m 串联空气间隙），从 1989 年 5 月到 1996 年 11 月的 7 年半时间里，所装 4 支避雷器共动作 6 相次，而线路绝缘从未发生闪络。

广东也有安装线路避雷器运行良好的实例，例如在 220kV 韶郭线上安装了 16 支线路避雷器，经过两个完整雷雨季节的考验，发现 206 号杆避雷器动作计数器有 4 次动作记录，而线路绝缘没有发生雷击闪络跳闸。

应注意的是，线路避雷器造价比较昂贵，500kV 线路避雷器约为 8.0 万元/相。而且线路避雷器的运行维护与检修工作量很大。最有效的方法就是选择在经常发生雷击故障、土壤电阻率高、降低杆塔接地电阻有困难的线路段杆塔上安装，可以有效降低线路的雷击跳闸率。

第二节　避雷器的分类

避雷器又称过电压限制器，是用在电力输配线路上限制操作引起的内部过电压或雷电过电压的装置，如图4-4所示。其作用是把已侵入电力线、信号传输线的雷电高电压限制在一定范围之内，保证用电设备不被高电压冲击击穿。

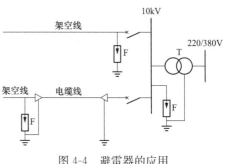

图4-4　避雷器的应用

常用的避雷器种类繁多，但归纳起来可分为阀型、放电间隙型、高通滤波型、半导体型四类。

一、一般工作原理及型号说明

当作用电压超过避雷器的放电电压时，避雷器先放电，限制了过电压；放电体结束，绝缘强度能自己恢复，保证电力设备正常运作。当电网由于雷击出现瞬时脉冲电压时，避雷器在纳秒内导通，将脉冲电压短路于地泄放，后又恢复为高阻状态，从而不影响用户设备的供电，如图4-5所示。

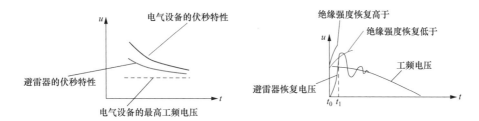

图4-5　避雷器的特性

伏秒特性指电压与时间的对应关系。避雷器的伏秒特性的上限不得高于电气设备的伏特特性的下限。

工频续流指雷电压或过电压放电结束，但工频电压仍作用在避雷器上，使其流过的工频短路接地电流。

绝缘强度自恢复能力指电气设备绝缘强度与时间的关系，即恢复到原来绝缘强度的快慢。要求避雷器间隙绝缘强度的恢复程度高于避雷器上恢复电压的增长程度。

避雷器的额定电压指把工频续流第一次过零后，间隙所能承受的，不至于引起电弧重燃的最大工频电压，又称电弧电压。

避雷器产品型号说明如图4-6所示。

产品型式：Y—瓷套式金属氧化物避雷器；YH（HY）—有机外套金属氧化物避雷器。

结构特征：W—无间隙；C—串联间隙。

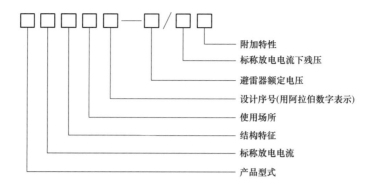

图 4-6　避雷器产品型号说明

使用场所：S—配电型；Z—电站型；R—并联补偿电容器用；D—电机用；T—电气化铁道用；X—线路型。

附加特性：W—防污型；G—高原型；TH—湿热带地区用；DL—电缆型避雷器（优点：产品采用全密封结构，爬电距离大，能适用于重污染场所）。

二、按放电类型的分类

（一）保护间隙

1. 结构

常见面形保护间隙避雷器，由主间隙和辅助间隙构成，如图 4-7 和图 4-8 所示。主间隙采用角形，使工频续流电弧在自身电动力和热气流的作用下，易于上升被拉长而自行熄灭。辅助间隙的作用是，为防止主间隙被外物短接而造成接地短路事故。

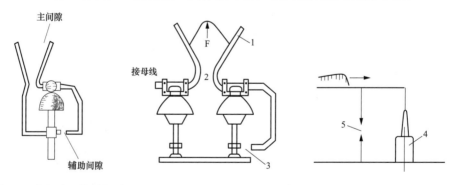

图 4-7　主间隙和辅助间隙　　　　　图 4-8　保护间隙

1—圆钢；2—主间隙；3—辅助间隙；4—被保护物；5—保护间隙

保护间隙等效电路如图 4-9 所示。

保护间隙的主要不足是，强大的冲击电流会造成三相变压器的相间绝缘损坏。

2. 应用

常用于中性点不直接接地 10kV 以下的配电网络中，一般安装在高压熔断器的内侧，以减少变电站线路断器的跳闸次数。

（二）排气式避雷器

排气式避雷器由产气管、内部间隙、外部间隙三部分组成，并密封在瓷管内。外部间隙的作用是，使产气管在正常运作时隔离工作电压和内部电压。内部间隙和产气管共同作用产生高压气体吹动电弧，使工频续流第一次过零时熄灭。排气式避雷器等效电路如图 4-10 所示。

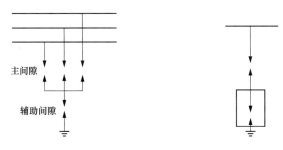

图 4-9　保护间隙等效电路　　图 4-10　排气式避雷器等效电路

排气式避雷器的主要不足是强大的冲击电流；伏秒特性很陡，难以与保护对象理想配合；产生的过电压危害电气设备绝缘，一般不作为保护高压电器设备的绝缘。

（三）阀型避雷器

1. 普通阀型避雷器

（1）结构。

阀型避雷器由放电间隙和非线性电阻阀片组成，并密封在瓷管内。放电间隙由若干个标准单个放电间隙（间隙电容）串联而成，并联一组均压电阻，可提高间隙绝缘强度的恢复能力。非线性电阻阀片由许多单个阀片串联而成。火花间隙由数个圆盘形的铜质电极组成，每对间隙用 0.5～1mm 厚的云母片（垫圈式）隔开。阀型避雷器的构造和电气特性分别如图 4-11 和图 4-12 所示。

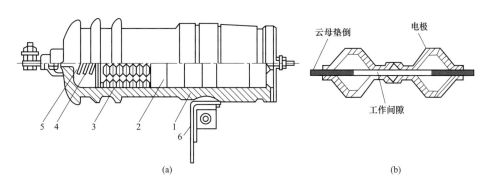

(a)　　　　　　　　　　　　　　(b)

图 4-11　阀型避雷器的构造

（a）整体构造；（b）单一火花间隙结构

1—瓷套；2—阀片；3—间隙；4—压紧弹簧；5—密封橡皮；6—安装卡子

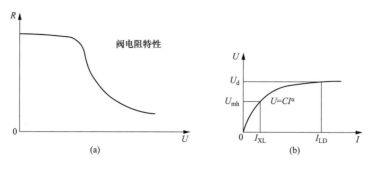

图 4-12　阀型避雷器的电气特性

（a）阀电阻特性；（b）阀片电阻的伏安特性曲线

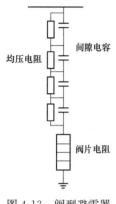

图 4-13　阀型避雷器
等效电路

阀型避雷器等效电路如图 4-13 所示。

（2）应用。

目前常用的避雷器主要分低压（FS）、高压（FZ）两种阀型避雷器，可根据输电，配电网络的电压大小灵活选择使用，如图 4-14 所示。

2. 磁吹阀型避雷器

与普通阀型避雷器基本相同，磁吹阀型避雷器增加磁吹放电间隙并采用高温阀片电阻，其灭弧性能和通流能力比阀型强。主要用在 330kV 以及超高压变电站的电气设备保护。磁吹阀型避雷器等效电路如图 4-15 所示。

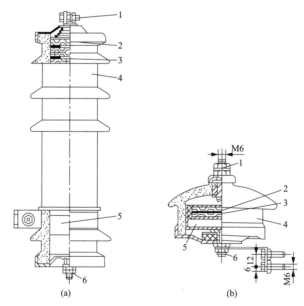

图 4-14　常用的阀型避雷器

（a）FS4-10 型；（b）FS-0.38 型

1—上接线端；2—火花间隙；3—云母片垫圈；4—瓷套管；5—阀片；6—下接线端

3. 复合磁吹阀型避雷器

复合磁吹阀型避雷器主要用在超高压系统的线路中。其等效电路如图 4-16 所示。

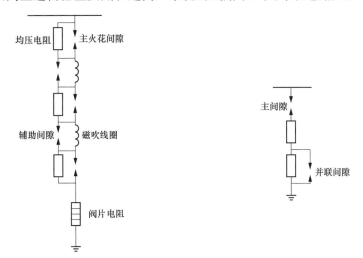

图 4-15　磁吹阀型避雷器等效电路　　　　图 4-16　复合磁吹阀型避雷器等效电路

(四) 氧化锌避雷器

1. 构造

氧化锌避雷器阀片由微小氧化锌晶粒为主要材料，加入一些金属氧化粉，经过加工成氧化锌电阻片，如图 4-17 所示。

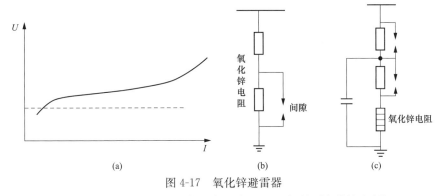

图 4-17　氧化锌避雷器

(a) 伏安特性；(b) 并联间隙氧化锌避雷器；(c) 串联间隙氧化锌避雷器

2. 氧化锌避雷器特点

氧化锌避雷器的电阻片具有非线性，正常工作电压下，只有微安级电阻性电流流过，避雷器的电阻非常大，泄漏电流非常小；在过电压时避雷器的电阻非常小，大电流泄得越快越好；残压低，动作快，安全可靠。

目前国内输电线路主要采用金属氧化物避雷器（MOA）。氧化锌避雷器由一个或并联的两个非线性电阻片叠合圆柱构成。它根据电压等级由多节组成，35～110kV 氧化锌是单节的，220kV 氧化锌是两节，500kV 氧化锌是三节，750kV 氧化锌则是四节的，如图 4-18～图 4-22 所示。

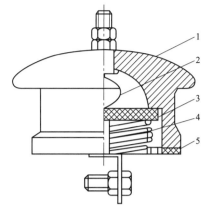

图 4-18   380V 氧化锌避雷器
1—瓷套；2—熔丝；3—氧化锌阀片；4—弹簧；5—密封垫

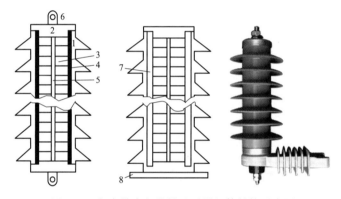

图 4-19   复合外套氧化锌避雷器整体结构示意图
1—硅橡胶裙套；2—金属端头；3—氧化锌阀片；4—高分子填充材料；5—环氧玻璃钢芯棒；
6—吊环；7—环氧玻璃钢筒；8—法兰

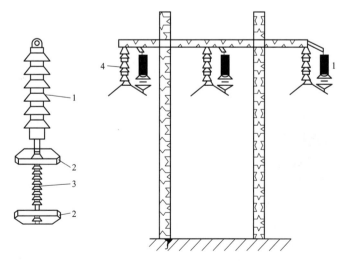

图 4-20   安装在输电线路上的带有间隙的复合外套氧化锌避雷器
1—复合外套氧化锌避雷器本体；2—串联间隙环状电极；3—固定间隙距离用的合成绝缘子；4—线路绝缘子串

图 4-21　氧化锌避雷器外形图

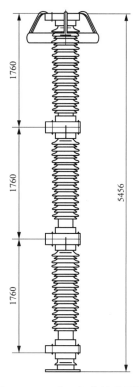

图 4-22　500kV 氧化锌避雷器

与传统的碳化硅避雷器相比。氧化锌避雷器具有以下特点：

（1）优异的保护性能。MOA 具有很好的非线性特性，如图 4-23 所示。

（2）大的通流能力。具有良好的吸收雷击过电压和暂态过电压的能力。

（3）较高的运行可靠性。正常的工作状态下接近绝缘状态，工频续流仅为微安级，能量释放快速恢复高阻状态，运行可靠性高，抗污秽能力强。

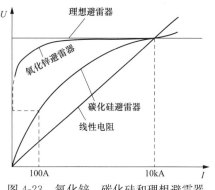

图 4-23　氧化锌、碳化硅和理想避雷器
伏安特性曲线的比较

第三节　氧化锌避雷器的运行故障

氧化锌避雷器在投入电网运行后，绝大多数运行良好，但在运行中也有损坏或爆炸的事故发生。据统计资料表明，国产高压氧化锌避雷器的全国平均事故率为 0.286 相/（百相·年），进口高压氧化锌避雷器的全国平均事故率为 0.34 相/（百相·年）。造成氧化锌避雷器故障的主要原因有以下三个方面：

（1）由于内部受潮引起故障。

（2）氧化锌阀片本身老化引起故障。

（3）环境污秽引起避雷器损坏。

根据多年的运行事故调查，避雷器事故大多发生在夏季南方湿热和污秽地区。

一、避雷器的常见故障及处理

避雷器的常见故障及处理见表 4-1。

表 4-1　　　　　　　　　　　　　避雷器的常见故障及处理

序号	常见故障	原因及处理
1	瓷套管破裂、闪络	向电调汇报，退出运行。天气晴好时，用环氧树脂修补或更换
2	避雷器连接引线严重烧伤或烧断	原因：引线接触不良或松动；引线线径较小。 处理：向电调汇报，做好记录，申请退出运行，申请派人检修或更换连接引线
3	避雷器计数器损坏	向电调汇报，做好记录，申请退出运行，申请派人更换计数器

二、避雷器预防性试验

避雷器投入运行前应做下列预防性试验，如图 4-24～图 4-27 所示。

（1）绝缘电阻试验。使用中的阻值应大于 2000MΩ，非使用中的应大于 2500MΩ。

（2）工频放电电压试验。

（3）泄漏电流试验。数值规定不超过 $10\mu A$。

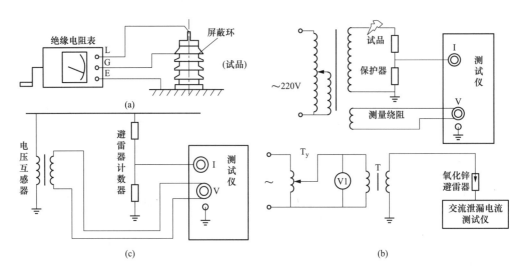

图 4-24　避雷器预防性试验

（a）绝缘电阻试验；（b）工频参考电流下的工频参考电压；（c）泄漏电流试验

图 4-25　MOA 在线监测系统

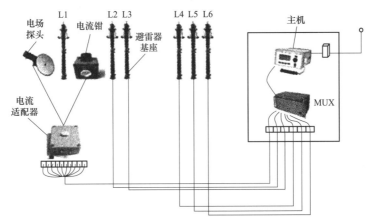

图 4-26　变电站避雷器在线检测系统

图 4-27　避雷器泄漏电流表

第四节　避雷器典型产品及应用

一、6～10kV 系列常见避雷器

6～10kV 系统用复合外套金属氧化物避雷器性能满足 GB 11032—2010《交流无间隙金属氧化物避雷器》的规定。氧化物避雷器按用途可分为系统用线路型、系统用电站型、系统用配电型、并联补偿电容器组、电气化铁道型、变压器中性点型七类。其中，配电型避雷器保护相应电压等级的开关柜、箱式变电站、电力电缆出线头、柱上油开关等配电设备免受大气和操作过电压的损坏；电站型避雷器保护发电厂、变电站的交流电气设备免受大气和操作过电压的损坏；线路型避雷器用于线路悬挂，进行沿线保护，从而降低了整个系统的过电压水平。6～10kV 系列常见避雷器如图 4-28 所示。

图 4-28   6～10kV 系列常见避雷器

6～10kV 系统用复合外套金属氧化物避雷器典型产品技术参数见表 4-2。

表 4-2   6～10kV 系统用复合外套金属氧化物避雷器典型产品技术参数

避雷器型号	持续运行电压 U_{cov}（kV，有效值）	残压（≤kV）			直流 1mA 参考电压 U_{1m}（≥kV）
		1/4	8/20	30/60	
HY5WS-10/30	8	34.6	30	25.5	15
HY5WS-10/30	8	31	27	23	14. 4
HY5WS-17/50	13.6	57.5	50	42.5	25
HY5WS-17/50	13.6	51.8	45	38.5	24

二、35kV 系列常见避雷器

35kV 系列常见避雷器如图 4-29 所示。

图 4-29   35kV 系列常见避雷器

35kV 系统用复合外套金属氧化物避雷器典型产品技术参数见表 4-3。

表 4-3　　　　　　**35kV 系统用复合外套金属氧化物避雷器典型产品技术参数**

系统电压 U_{sys}（kV，有效值）	避雷器型号	持续运行电压 U_{cov}（kV，有效值）	残压（≤kV）			直流 1mA 参考电压 U_{1mA}（≥kV）	2ms 方波 I_{2ms}（A）
			1/4	8/20	30/60		
35	HY5WZ-51/134	40.8	154	134	114	73	250，400
	HY5WX-54/142	43.2	163	142	121	77	250，400

35kV 系列常见避雷器的特点有以下两个方面：

（1）体积小、外绝缘可满足 4 级特种污秽地区要求。

（2）35kV 避雷器采用特殊的内部结构，产品安装方式（无底座安装、坐式安装、悬挂安装），供电现场、开关柜等组合电器中都具有安装方便、节省安装成本等优点。

三、66～110kV 系列常见避雷器

66～110kV 系列常见避雷器如图 4-30 所示。

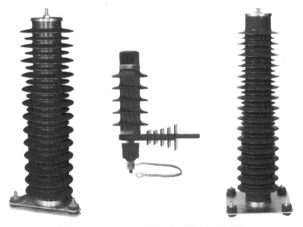

图 4-30　66～110kV 系列常见避雷器

66～110kV 系统用复合外套金属氧化物避雷器生产依据标准为 GB 11032—2010《交流无间隙金属氧化物避雷器》。有变电站用坐式安装型，线路防雷及电缆头保护的线路悬挂型，如图 4-32 所示。

图 4-31　避雷器安装图

66～110kV 系统用复合外套金属氧化物避雷器典型产品技术参数见表 4-4。

表 4-4　　66～110kV 系统用复合外套金属氧化物避雷器典型产品技术参数

系统电压 U_{sys} (kV，有效值)	避雷器型号	持续运行电压 U_{cov} (kV，有效值)	残压（≤kV）			直流 1mA 参考电压 U_{1mA}（≥kV）	2ms 方波 I_{2ms}（A）
			1/4	8/20	30/60		
66	HY5W-84/221	67.2	254	221	188	121	400，600
	HY10W-90/235	72.5	264	235	201	130	400，600
110	HY10W-90/235	72.5	264	235	201	130	600，800
	HY5W-96/250	75	288	250	213	140	400，600
	HY5W-100/260	78	299	260	221	145	400，600
	HY5W-102/266	79.6	305	266	266	148	400，600
	HY5W-108/281	84	323	281	239	157	400，600
	HY10W-96/250	75	280	250	213	140	600，800
	HY10W-100/260	78	291	260	221	145	600，800
	HY10W-102/266	79.6	297	266	266	148	600，800
	HY10W-108/281	84	315	281	239	157	600，800

四、220kV 避雷器

220kV 复合外套金属氧化物避雷器具有保护特性好、通流容量大、耐污能力强、结构简单、重量轻、可靠性高等优点，如图 4-32 所示，能对输变电设备提供最佳保护。产品性能满足 GB 11032—2010《交流无间隙金属氧化物避雷器》的要求，并满足 IEC 99-4 的有关规定。

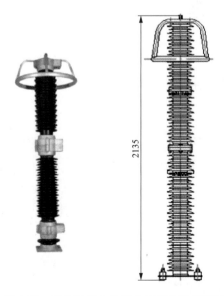

图 4-32　220kV 复合外套金属氧化物避雷器

220kV 系统用复合外套金属氧化物避雷器典型产品技术参数见表 4-5。

表 4-5　　　　　　220kV 系统用复合外套金属氧化物避雷器典型产品技术参数

系统电压 U_{sys}（kV，有效值）	避雷器型号	持续运行电压 U_{cov}（kV，有效值）	残压（≤kV）			直流 1mA 参考电压 U_{1mA}（≥kV）	2ms 方波 I_{2ms}（A）
			1/4	8/20	30/6		
220	HY10W-192/500	150	560	500	426	280	600，800
	HY10W-200/520	156	582	520	442	290	600，800
	HY10W-204/532	159	594	532	452	296	600，800
	HY10W-216/562	168.5	630	562	478	314	600，800

五、变压器中性点避雷器

理论分析和实测统计表明，通过变压器中性避雷器的雷电流幅值和陡度都较小，避雷器标称电流 1.5kA 已经足够，其主要用于保护变压器中性点绝缘免受过电压的损坏。变压器中性点避雷器常见实物如图 4-33 所示。

图 4-33　变压器中性点避雷器

典型的变压器中性点用避雷器参数见 4-6。

表 4-6　　　　　　　　　典型的变压器中性点用避雷器参数

额定电压 U_r（kV，有效值）	避雷器型号	持续运行电压 U_{cov}（kV，有效值）	残压（≤kV）		直流 1mA 参考电压 U_{1mA}（≤kV）	2ms 方波 I_{2ms}（A）
			8/20	30/60		
30	HY1.5W-30/80	24	80	68	44	400
60	HY1.5W-60/144	48	144	135	85	400
72	HY1.5W-72/186	58	186	174	103	400
144	HY1.5W-144/320	116	320	299	205	400

图 4-34 全绝缘复合
外套避雷器

六、全绝缘复合外套避雷器

全绝缘复合外套避雷器外形结构简洁，高压端的绝缘导线与避雷器芯体整体成型，密封性能良好，介电强度高。提高了避雷器的爬电距离。安装时缩小了避雷器之间的绝缘尺寸，能够灵活地适用于不同的安装环境，尤其适用于有限空间的开关柜中和高海拔、重污秽地区。常见实物如图 4-34 所示。

全绝缘复合外套避雷器参数见表 4-7。

表 4-7　　　　　　　　全绝缘复合外套避雷器参数

系统电压 U_{sys} （kV，有效值）	避雷器型号	持续运行电压 U_{cov} （kV，有效值）	残压 （≤kV）			直流 1mA 参考电压 U_{1mA} （≥kV）	2ms 方波 I_{2ms} （A）
			1/4	8/20	30/60		
10	HYWS-17/50Q	13.6	57.5	50	42.5	25	100
35	HY5WZ-51/134Q	40.8	154	134	114	73	250

第五章 电力电容器和电抗器

第一节 电力电容器

一、电力电容器的种类和作用

电力电容器主要用于电力系统和电工设备。任意两块金属导体，中间用绝缘介质隔开，就可以构成一个电容器，如图 5-1 所示。

图 5-1 电力电容器

并联电容器又称为移相电容器。主要用来补偿电力系统感性负载的无功功率，以提高系统的功率因数，改善电能质量，降低线路损耗；还可以直接与异步电机的定子绕组并联，构成自激运行的异步发电装置。

串联电容器又叫纵向补偿电容器，串联于工频高压输、配电线路中，主要用来补偿线路的感抗，提高线路末端电压水平，提高系统的动、静态稳定性，改善线路的电压质量，增长输电距离和增大电力输送能力。

耦合电容器主要用于高压及超高压输电线路的载波通信系统，同时也可作为测量、控制、保护装置中的部件。

均压电容器又叫断路器电容器，一般并联于断路器的断口上，使各断口间的电压在开断时分布均匀。

脉冲电容器主要起贮能作用，用作冲击电压发生器、冲击电流发生器、断路器试验用振荡回路等基本贮能元件。

二、电力电容器的基本结构

电力电容器的基本结构包括电容元件、浸渍剂、紧固件、引线、外壳和套管，如图 5-2 所示。

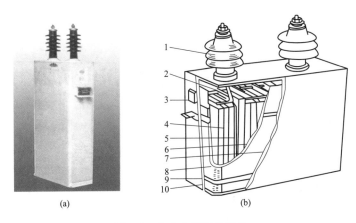

图 5-2　电力电容器的结构

（a）高压并联电容器外观图；（b）补偿电容器的结构图

1—出线套管；2—出线连接片；3—连接片；4—扁形元件；5—固定板；

6—绝缘件；7—包封件；8—连接夹板；9—紧箍；10—外壳

1. 电容元件

电容元件是用一定厚度和层数的固体介质与铝箔电极卷制而成。将若干个电容元件并联和串联起来，组成电容器芯子。电容元件用铝箔作电极，用复合绝缘薄膜绝缘。电容器内部用绝缘油作浸渍介质。在电压为 10kV 及以下的高压电容器内，每个电容元件上都串有一熔丝，作为电容器的内部短路保护。当某个元件击穿时，其他完好元件即对其放电，使熔丝在毫秒级的时间内迅速熔断，切除故障元件，从而使电容器能继续正常工作，如图 5-3 所示。

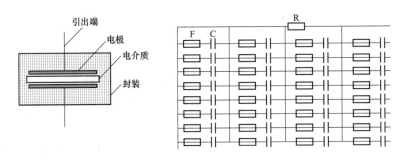

图 5-3　高压并联电容器内部电气连接示意图

R—放电电阻；F—熔丝；C—元件电容

2. 浸渍剂

电容器芯子一般放于浸渍剂中，以提高电容元件的介质耐压强度，改善局部放电特性和散热条件。浸渍剂一般有矿物油、氯化联苯、SF_6 气体等。

3. 外壳、套管

外壳一般采用薄钢板焊接而成，表面涂阻燃漆，壳盖上焊有出线套管，箱壁侧面焊有吊攀、接地螺栓等。大容量集合式电容器的箱盖上还装有储油柜或金属膨胀器及压力释放阀，箱壁侧面装有片状散热器、压力式温控装置等。接线端子从出线瓷套管中引出。

目前，我国在低压系统中采用自愈式电容器，如图5-4所示。

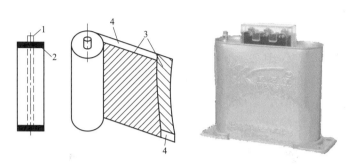

图5-4　低压自愈式电容器结构
1—芯轴；2—喷合金层；3—金属化层；4—薄膜

特点：具有优良的自愈性能、介质损耗小、温升低、寿命长、体积小、重量轻。

结构：采用聚丙烯薄膜作为固体介质，表面蒸镀了一层很薄的金属作为导电电极。当作为介质的聚丙烯薄膜被击穿时，击穿电流将穿过击穿点。由于导电的金属化镀层电流密度急剧增大，金属镀层产生高热，使击穿点周围的金属导体迅速蒸发逸散，形成金属镀层空白区，击穿点自动恢复绝缘。

三、电力电容器的型号及接线方式

电容器的型号由字母和数字两部分组成，形式如下：

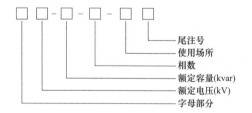

尾注号
使用场所
相数
额定容量(kvar)
额定电压(kV)
字母部分

字母部分第一位字母是系列代号，表示电容器的用途特征：A—交流滤波电容器；B—并联电容器；C—串联电容器；D—直流滤波电容器；E—交流电动机电容器；F—防护电容器；J—断路器电容器；M—脉冲电容器；O—耦合电容器；R—电热电容器；X—谐振电容器；Y—标准电容器（移相，旧型号）；Z—直流电容器。

字母部分第二位字母是介质代号，表示液体介质材料种类：Y—矿物油浸纸介质；W—烷基苯浸纸介质；G—硅油浸纸介质；T—偏苯浸纸介质；F—二芳基乙烷浸介质；B—异丙基联苯浸介质；Z—植物油浸渍介质；C—蓖麻油浸渍介质。

字母部分第三位字母也是介质代号，表示固体介质材料种类：F—纸、薄膜复合介质；M—全聚丙烯薄膜；无标记—全电容器纸。

字母部分第四位字母表示极板特性：J—金属化极板。

相数：1—单相，3—三相。

使用场所：W—户外式，不标记—户内式。

尾注号，表示补充特性：B—可调式；G—高原地区用；TH—湿热地区用；H—污秽地区用；R—内有熔丝。

示例如下：

（1）BFM 12-200-1W：B 表示并联电容器；F 表示浸渍剂为二芳基乙烷；M 表示全膜介质；12 表示额定电压（kV）；200 表示额定容量（kvar）；1 表示相数（单相）；W 尾注号（户外使用）。BFM 系列高压电力电容器外观如图 5-5 所示。

图 5-5 BFM 系列高压电力电容器外观

（2）BCMJ 0.4-15-3：B 表示并联电容器；C 表示浸渍剂为蓖麻油；M 表示全膜介质；J 表示金属化极板；0.4 表示额定电压（kV）；15 表示额定容量（kvar）；3 表示三相。BCMJ 系列自愈式低压并联电容器（三相）外观如图 5-6 所示。

图 5-6 BCMJ 系列自愈式低压并联电容器（三相）外观

电容器的接线方式分为三角形接线和星形接线。当电容器额定电压按电网的线电压选择时，应采用三角形接线。当电容器额定电压低于电网的线电压时，应采用星形接线。

相同的电容器，采用三角形接线，因电容器上所加电压为线电压，所补偿的无功容量是星形接线的 3 倍。若是补偿容量相同，采用三角形接线比星形接线可节约 2/3 的电容值，因此，在实际工作中，电容器组多采用三角形接线。

若某一电容器内部击穿，当电容器采用三角形接线时，就形成了相间短路故障，有可能引起电容器膨胀、爆炸、使事故扩大；采用星形接线，当某一电容器击穿时，不形成相间短路故障。

四、电力电容器的无功补偿

1. 无功补偿原理

在交流电路中，由电源供给负载的功率有有功功率和无功功率两种。

有功功率是保持用电设备正常运行所需的功率，也就是将电能转换为其他形式能量（机械能、光能、热能）的功率。

无功功率比较抽象，它用于电路内电场与磁场的交换，并用来在电气设备中建立和维持磁场的电功率。它不对外做功，而是转变为其他形式的能量。凡是有电磁线圈的电气设备，要建立磁场，就要消耗无功功率。无功功率绝不是无用功率，它的用处很大。电动机需要建立和维持旋转磁场，使转子转动，从而带动机械运动，电动机的转子磁场就是靠从电源取得无功功率建立的。变压器也同样需要无功功率，才能使变压器的一次绕组产生磁场，在二次绕组感应出电压。因此，没有无功功率，电动机就不会转动，变压器也不能变压，交流接触器不会吸合。

在正常情况下，用电设备不但要从电源取得有功功率，同时还需要从电源取得无功功率。如果电网中的无功功率供不应求，用电设备就没有足够的无功功率来建立正常的电磁场，这些用电设备就不能维持在额定情况下工作，用电设备的端电压就要下降，从而影响用电设备的正常运行。但是从发电机和高压输电线供给的无功功率远远满足不了负荷的需要，所以在电网中要设置一些无功补偿装置来补充无功功率，以保证用户对无功功率的需要，这样用电设备才能在额定电压下工作。

补偿容量的配置原则是全面规划、合理布局、分级补偿、就地平衡。把具有容性功率负荷的装置与感性功率负荷并联接在同一电路，能量在两种负荷之间相互交换。这样，感性负荷所需要的无功功率可由容性负荷输出的无功功率补偿。不过在确定无功补偿容量时应注意在轻负荷时要避免过补偿，倒送无功功率会造成功率损耗增加；另外，功率因数越高，补偿容量减少损耗的作用将变小，通常情况下，将功率因数提高到0.95就是合理补偿。

2. 补偿方式

（1）集中补偿：把电容器组集中安装在变电所的一次或二次侧母线上，并装设自动控制设备，使之能随负荷的变化而自动投切。电容器集中补偿接线图如图5-7所示。

电容器接在变压器一次侧时，可使线路损耗降低，一次母线电压升高，但对变压器及其二次侧没有补偿作用，而且安装费用高；电容器安装在变压器二次侧时，能使变压器增加出力，并使二次侧电压升高，补偿范围扩大，安装、运行、维护费用低。

优点：电容器的利用率较高，管理方便，能够减少电源线路和变电站主变压器的无功负荷。

缺点：不能减少低压网络和高压配出线的无功负荷，需另外建设专门房间。工矿企业目前多采用集中补偿方式。

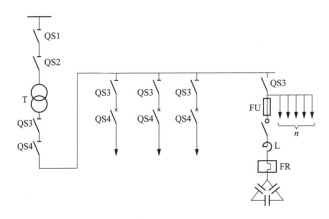

图 5-7　电容器集中补偿接线图

（2）分组补偿：将全部电容器分别安装于功率因数较低的各配电用户的高压侧母线上，可与部分负荷的变动同时投入或切除。

采用分组补偿时，补偿的无功不再通过主干线以上线路输送，从而降低配电变压器和主干线路上的无功损耗，因此分组补偿比集中补偿降损节电效益显著。这种补偿方式补偿范围更大，效果比较好，但设备投资较大，利用率不高，一般适用于补偿容量小、用电设备多而分散和部分补偿容量相当大的场所。

优点：电容器的利用率比单独就地补偿方式高，能减少高压电源线路和变压器中的无功负荷。

缺点：不能减少干线和分支线的无功负荷，操作不够方便，初期投资较大。

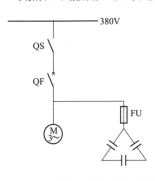

（3）个别补偿：即对个别功率因数特别不好的大容量电气设备及所需无功补偿容量较大的负荷，或由较长线路供电的电气设备进行单独补偿。把电容器直接装设在用电设备的同一电气回路中，与用电设备同时投切。图 5-8 中的电动机同时又是电容器的放电装置。

用电设备消耗的无功能就地补偿，能就地平衡无功电流，但电容器利用率低。一般适用于容量较大的高、低压电动机等用电设备的补偿。

图 5-8　电容器个别补偿接线图　　优点：补偿效果最好。

缺点：电容器将随着用电设备一同工作和停止，利用率较低、投资大、管理不方便。

3. 补偿容量选择原理

补偿容量选择原理如图 5-9 所示。图中，I_R 为实际做功的有功电流，I_{L0} 为补偿前感性电流，I_0 为线路总电流，I_c 为并联电容器后的容性电流，I_L 为补偿后线路感性电流，I 为补偿后线路总电流。

如要将功率因数从 $\cos\phi_1$ 提高到 $\cos\phi_2$，需要的电容电流为：$I_c = I_{L0} - I_L = I_R\,(\tan\phi_1 - \tan\phi_2)$ 即 $Q = P\,(\tan\phi_1 - \tan\phi_2)$。

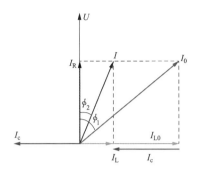

图 5-9　补偿容量选择原理

五、电力电容器的检查和维护

（1）新装电容器组投入运行前应经过交接试验，并达到合格；布置合理；接线正确，电压应与电网额定电压相符；放电装置符合规程要求，并经试验合格；电容器组的控制、保护和监视回路均应完善，温度计齐全，并试验合格，整定值正确；与电容器组连接的电缆、断路器、熔断器等电气设备应试验合格；三相间的容量保持平衡，误差值不应超过一相总容量的 5%；外观检查应良好，无渗漏油现象；电容器室的建筑结构和通风措施均应符合规程要求。

（2）对运行中的电容器组应检查电容器外壳有无膨胀、漏油痕迹，有无异常声响和火花，熔断器是否正常，放电指示灯是否熄灭。记录有关电压表、电流表、温度表的读数。如发现箱壳明显膨胀，应停止使用或更换电容器，以免发生故障。外壳渗油不严重可将外壳渗漏处除锈、焊接、涂漆，渗漏严重的必须更换。严重异常时应立即退出运行，更换电容器。

（3）必要时可以短时停电并检查各螺丝接点的松紧和接触情况、放电回路是否完好、风道有无积尘，并清扫电容器的外壳、绝缘子和支架等处的灰尘；检查外壳的保护接地线是否完好；检查继电保护、熔断器等保护装置是否完整可靠，断路器、馈线等是否良好。

六、电容器的安全运行

电容器应在额定电压下运行。如暂时不可能，可允许在超过额定电压 5% 的范围内运行；当超过额定电压 1.1 倍时，只允许短期运行。但长时间出现过电压情况时，应设法消除。

电容器应维持在三相平衡的额定电流下进行工作。如暂不可能，不允许在超过 1.3 倍额定电流下长期工作，以确保电容器的使用寿命。

装置电容器组地点的环境温度不得超过 40℃，24h 内平均温度不得超过 30℃，一年内平均温度不得超过 20℃。电容器外壳温度不宜超过 60℃。超过如发现超过上述要求时，应采用人工冷却，必要时将电容器组与网路断开。

电容器投入和退出的安全运行要求如下：

（1）当功率因数低于 0.9、电压偏低时应投入。

（2）当功率因数趋近于 1 且有超前趋势、电压偏高时应退出。

发生下列故障之一时，应紧急退出电容器：

（1）连接点严重过热甚至熔化。

（2）瓷套管闪络放电。

（3）外壳膨胀变形。

（4）电容器组或放电装置声音异常。

（5）电容器冒烟、起火或爆炸。

电容器使用注意事项如下：

（1）电力电容器组在接通前应用绝缘电阻表检查放电网络。

（2）接通和断开电容器组时，必须考虑：

1）当汇流排（母线）上的电压超过 1.1 倍额定电压最大允许值时，禁止将电容器组接入电网。

2）在电容器组自电网断开后 1min 内不得重新接入，但自动重复接入情况除外。

3）在接通和断开电容器组时，要选用不能产生危险过电压的断路器，并且断路器的额定电流不应低于 1.3 倍电容器组的额定电流。

电容器的操作要求如下：

（1）在正常情况下，全站停电操作时，应先断开电容器组断路器后，再拉开各路出线断路器。恢复送电时应与此顺序相反。

（2）事故情况下，全站无电后，必须将电容器组的断路器断开。

（3）电容器组断路器跳闸后不准强送电。保护熔丝熔断后，未经查明原因之前，不准更换熔丝送电。

（4）电容器组禁止带电荷合闸。电容器组再次合闸时，必须在断路器断开 3min 之后才可进行。

第二节　电　抗　器

电抗器是依靠线圈的感抗作用来限制短路电流的数值的，能在电路中起到阻抗作用电抗器也叫电感器，一个导体通电时就会在其所占据的一定空间范围内产生磁场，所以所有能载流的电导体都有一般意义上的感性。然而通电的长直导体的电感比较小，所产生的磁场不强，实际的电抗器是导线绕成螺线管形式，称为空心电抗器。

一、电抗器的分类和作用

按相数可分为单相和三相电抗器。

按冷却装置种类可分为干式和油浸电抗器。

按结构特征可分为空心式电抗器、铁芯式电抗器。

按安装地点可分为户内型和户外型电抗器。

按用途可分为以下几种：

（1）并联电抗器。一般接在超高压输电线的末端和地之间，起无功补偿作用。

（2）限流电抗器。串联于电力电路中，以限制短路电流的数值。

（3）滤波电抗器。在滤波器中与电容器串联或并联，用来限制电网中的高次谐波，如图 5-10 所示。

（4）消弧电抗器。又称消弧线圈，接在三相变压器的中性点和地之间，在三相电网的一相接地时供给电感性电流，补偿流过中性点的电容性电流，使电弧不易持续起燃，从而消除由于电弧多次重燃引起的过电压，如图 5-11 所示。

图 5-10　LKGK（L）系列干式空心滤波电抗器　　　　图 5-11　消弧线圈

（5）通信电抗器。又称阻波器，串联在兼作通信线路用的输电线路中，用来阻挡载波信号，使之进入接收设备，以完成通信的作用，如图 5-12 所示。

图 5-12　阻波器

（6）电炉电抗器。和电炉变压器串联，用来限制变压器的短路电流，如图 5-13 所示。

图 5-13　中频电炉电抗器

图 5-14　起动电抗器

（7）起动电抗器。和电动机串联，用来限制电动机的起动电流，如图 5-14 所示。交流电动机在额定电压下起动时，初始起动电流将是很大的，往往超过额定电流的许多倍，为了降低起动电流，通常采用降低电压的方法来起动交流电动机，常用的降压方法是采用电抗器或自耦变压器。交流电动机的起动过程很短，起动后就将降压起动用的电抗器或自耦变压器切除。起动电抗器的工作制度属于短时工作制，负载时间通常为 2min。

二、并联电抗器

（一）并联电抗器型号及作用

并联电抗器的型号表示和含义如下：

并联电抗器的作用有以下几个方面：

（1）中压并联电抗器一般并联接于大型发电厂或 110～500kV 变电站的 6～63kV 母线上，用来吸收电缆线路的充电容性无功。通过调整并联电抗器的数量，向电网提供可阶梯调节的感性无功，补偿电网剩余的容性无功，调整运行电压，保证电压稳定在允许范围内。

（2）超高压并联电抗器一般并联接于 330kV 及以上的超高压线路上，主要作用为：

1）降低工频过电压。装设并联电抗器吸收线路的充电功率，防止超高压线路空载或轻负荷运行时，线路的充电功率造成线路末端电压升高。

2）降低操作过电压。装设并联电抗器可限制由于突然甩负荷或接地故障引起的过电压，避免危及系统绝缘。

3）避免发电机带长线出现的自励磁谐振现象。

4）有利于单相自动重合闸。并联电抗器与中性点小电抗配合，有利于超高压长距离输电线路单相重合闸过程中故障相的消弧，从而提高单相重合闸的成功率。

（二）并联电抗器的结构

1. 空心式电抗器

空心式电抗器没有铁芯，只有线圈，磁路为非导磁体，故磁阻很大，电感值很小，且为常数。空心式电抗器的结构形式多种多样，用混凝土将绕好的电抗线圈浇装成一个牢固整体的被称为水泥电抗器，用绝缘压板和螺杆将绕好的线圈拉紧的被称为夹持式空心电抗器，将线圈用玻璃丝包绕成牢固整体的被称为绕包式空心电抗器。空心式电抗器通常是干式的，也有油浸式结构的，干式空心式电抗器如图 5-15 所示。

图 5-15　干式空心式电抗器

2. 铁芯式电抗器

铁芯式电抗器的结构主要由铁芯和铁圈组成。由于铁磁介质的磁导率极高，且其磁化曲线是非线性的，所以用在铁芯电抗器中的铁芯必须带有气隙。带气隙的铁芯，其磁阻主要取决于气隙的尺寸。由于气隙的磁化特性基本上是线性的，所以铁芯式电抗器的电感值将不取决于外在电压或电流，而仅取决于自身线圈匝数以及线圈和铁芯气隙的尺寸。对于相同的线圈，铁芯式电抗器的电抗值比空心式的大。当磁密较高时，铁芯会饱和，从而导致铁芯式电抗器的电抗值变小。

芯柱由铁芯饼和气隙垫块组成。铁芯饼为辐射形叠片结构，铁芯饼与铁轭由压紧装置通过非磁性材料制成的螺杆拉紧，形成一个整体。铁芯采用了强有力的压紧和减振措施，整体性能好，振动及噪声小，损耗低，无局部过热。油箱为钟罩式结构，便于用户维护和检修。铁芯式电抗器如图 5-16 所示。

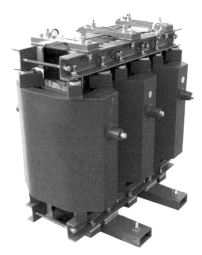

图 5-16　铁芯式电抗器

3. 干式半芯电抗器

干式半芯电抗器绕组选用小截面圆导线多股平行绕制，涡流损耗和漏磁损耗明显减小，绝缘强度高，散热性好，机械强度高，耐受短时电流的冲击能力强，能满足动、热稳定的要求。线圈中放入了由高导磁材料做成的芯柱，磁路中磁导率大大增加，与空心式电抗器相比较，在同等容量下，线圈直径、导线用量大大减少，损耗大幅度降低。

铁芯结构为多层绕组并联的筒形结构，铁芯柱经整体真空环氧浇注成型后，密实且整体性很好，运行时振动极小，噪声很低。

采用机械强度高的铝质的星形接线架，涡流损耗小，可以满足对绕组分数匝的要求。所有的导线引出线全部焊接在星形接线臂上，不用螺钉连接，提高了运行的可靠性。

干式半芯电抗器在超高压远距离输电系统中，连接于变压器的三次绕组上。用于补偿线路的电容性充电电流，限制系统电压升高和操作过电压，保证线路可靠运行。如图 5-17 所示。

图 5-17　干式半芯电抗器

三、限流电抗器

(一) 限流电抗器的作用及分类

限流电抗器是电阻很小的电感线圈，无铁芯，使用时串接于电路中。用来限制短路电流，以便于采用轻型电气设备和截面较小的载流体。

限流电抗器的参数有额定电压、额定电流和电抗百分比，而电抗百分比间接反映电抗值的大小，实际使用时该值不能过大，否则会影响用户的电能质量，但也不能过小，否则会减弱限制短路电流的效果。

限流电抗器分类如下：

（1）线路电抗器。串接在线路或电缆馈线上，使出线能选用轻型断路器，且能减小馈线电缆的截面。

（2）母线电抗器。串接在发电机电压母线的分段处或主变压器的低压侧，用来限制厂内、外短路时的短路电流，也称为母线分段电抗器。当线路上或一段母线上发生短路时，它能限制另一段母线提供的短路电流。

（3）变压器回路电抗器。安装在变压器回路中，用于限制短路电流，以便变压器回路能选用轻型断路器。

（二）限流电抗器的结构类型

1. 混凝土柱式限流电抗器

混凝土柱式限流电抗器由绕组、水泥支柱及支持绝缘子构成。没有铁芯，绕组采用空心电感线圈，由纱包纸绝缘的多芯铝线在同一平面上绕成螺线形的饼式线圈叠在一起构成。在沿线圈圆周位置均匀对称的地方设有混凝土支架，用以固定线圈。如图 5-18 所示。

2. 分裂电抗器

分裂电抗器在结构上和普通电抗器没有大的区别。只是在电抗线圈的中间有一个抽头，用来连接电源，两端头接负荷侧或厂用母线，其额定电流相等。

正常运行时，由于两分支电流方向相反，使两分支的电抗减小，导致电压损失减小。当一分支出线发生短路时，该分支流过短路电流，另一分支的负荷电流相对于短路电流来说很小，可以忽略其作用，则流过短路电流的分支电抗增大，压降增大，母线的残余电压较高。

优点：正常运行时，分裂电抗器每个分段的电抗相当于普通电抗器的 1/4，使负荷电流造成的电压损失较普通电抗器小；当分裂电抗器的分支端短路时，分裂电抗器每个分段电抗较正常运行值增大 4 倍，故限制短路的作用比正常运行值大，有限制短路电流的作用。

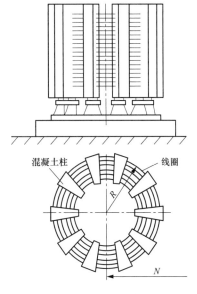

图 5-18　混凝土柱式限流
电抗器结构图

缺点：当两个分支负荷不相等或者负荷变化过大时，将引起两分段电压偏差增大，使分段电压波动较大，造成用户电动机工作不稳定，甚至分段出现过电压。

3. 干式空心限流电抗器

干式空心限流电抗器绕组采用多根并联小导线多股并行绕制，匝间绝缘强度高，损耗低；采用环氧树脂浸透的玻璃纤维包封，整体高温固化，整体性强、质量轻、噪声低、机械强度高、可承受大短路电流的冲击；线圈层间有通风道，对流自然冷却性能好，由于电流均匀分布在各层，动、热稳定性高；电抗器外表面涂以特殊的抗紫外线老化的耐气候树脂涂料，能承受户外恶劣的气象条件，可在户内、户外使用。如图 5-19 所示。

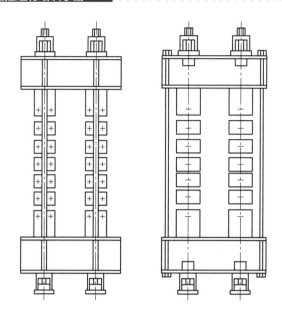

图 5-19　干式空心限流电抗器

限流电抗器型号

水泥柱式限流电抗器的型号表示和含义如下：

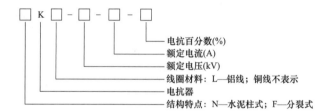

電抗百分数(%)
额定电流(A)
额定电压(kV)
线圈材料：L—铝线；铜线不表示
电抗器
结构特点：N—水泥柱式；F—分裂式

四、串联电抗器

串联电抗器与并联电容补偿装置或交流滤波装置（也属补偿装置）回路中的电容器串联，如图 5-20 所示。

并联电容器组通常联结成星形。串联电抗器可以联结在线端，也可以联结在中性点端，如图 5-21 所示。

串联电抗器的作用如下：

（1）降低电容器组的涌流倍数和涌流频率。便于选择配套设备和保护电容器。

（2）可以吸收接近调谐波的高次谐波，降低母线上该谐波电压值，减少系统电压波形畸变，提高供电质量。

（3）与电容器的容抗处于某次谐波全调谐或过调谐状态下，可以限制高于该次的谐波电流流入电容器组，保护电容器组。

（4）在并联电容器组内部短路时，减少系统提供的短路电流，在外部短路时，可减少电容器组对短路电流的助增作用。

图 5-20　干式空心串联电抗器

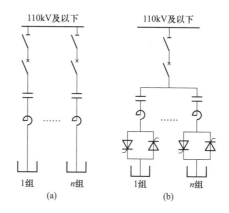

图 5-21　串联电抗器的应用

（a）串接于由断路器投切的并联电容器或交流滤波装置；
（b）串接于由可控硅投切的并联电容器或交流滤波装置

（5）减少健全电容器组向故障电容器组的放电电流值。

（6）电容器组的断路器在分闸过程中，如果发生重击穿，串联电抗器能减少涌流倍数和频率，并能降低操作过电压。

五、电抗器的使用

（1）电抗器的布置和安装。线路电抗器的额定电流较小，通常都作垂直布置。各电抗器之间及电抗器与地之间用支柱绝缘子绝缘。中间一相电抗器的绕线方向与上下两边的绕线方向相反，这样在上中或中下两相短路时，电抗器间的作用力为吸引力，不易使支柱绝缘子断裂。母线电抗器的额定电流较大，尺寸也较大，可作水平布置或品字形布置。

（2）电抗器的运行维护。电抗器在正常运行中应检查接头应接触良好无发热；周围应整洁无杂物；支持绝缘子应清洁并安装牢固，水泥支柱无破碎；垂直布置的电抗器应无倾斜；电抗器绕组应无变形；无放电声及焦臭味。

（3）电抗器的使用寿命。电抗器在额定负载下长期正常运行的时间，就是电抗器的使用寿命。电抗器的使用寿命由制造它的材料所决定。制造电抗器的材料有金属材料和绝缘材料两大类。金属材料耐高温，而绝缘材料长期在较高的温度、电场和磁场作用下，会逐渐失去原有的力学性能和绝缘性能，如变脆、机械强度减弱、电击穿。这个渐变的过程就是绝缘材料的老化。温度愈高，绝缘材料的力学性能和绝缘性能减弱得越快；绝缘材料含水分愈多，老化也愈快。电抗器中的绝缘材料要承受电抗器运行产生的负荷和周围环境的作用，这些负荷的总和、强度和作用时间决定绝缘材料的使用寿命。

第六章　气体绝缘金属封闭开关设备

第一节　元　件　组　成

组合电器（composite apparatus）指将两种或两种以上的高压电器，按电力系统主接线要求组成一个有机的整体，而各电器仍保持原规定功能的装置。电力行业人士俗称的组合电器，一般是指气体绝缘金属封闭开关设备（gas-insulated metal-enclosed switchgear，GIS），封闭式组合电器至少有一部分采用高于大气压的气体作为绝缘介质的金属封闭开关设备，如图 6-1 所示。

图 6-1　组合电器

GIS 主要组成元件如下。

断路器：能关合、承载、开断运行回路正常电流，也能在规定时间内关合、承载及开断规定的过载电流（包括短路电流），组合电器中核心元件，如图 6-2 和图 6-3 所示。

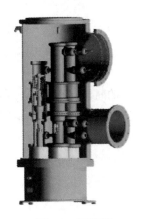

图 6-2　断路器

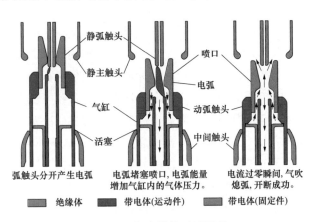

图 6-3　断路器的灭弧原理

隔离开关：隔离开关主要用在分闸后建立可靠的绝缘间隙，将被检修线路和设备与电源隔开，根据运行方式需要换接线路以及开断和关合一定长度线路的充电电流和一定容量的空载变压器的励磁电流，按形态主要分为角型隔离开关和线型隔离开关，分别如图 6-4 和图 6-5 所示。

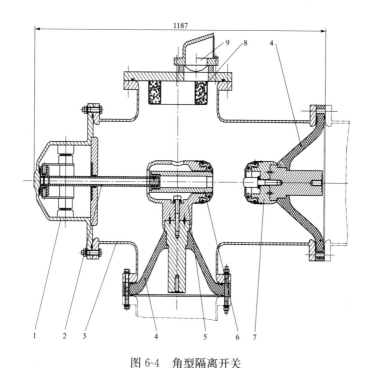

图 6-4 角型隔离开关

1—隔离开关传动装配；2—绝缘拉杆；3—筒体；4—盆式绝缘子；5—中间触头；

6—动触头；7—静触头；8—分子筛；9—防爆膜

接地开关：用于保护人身和设备安全将回路接地的一种机械式开关装置。在异常条件（如短路）下，可在规定时间内承载规定的异常电流；但在正常回路条件下，不要求承载电流，可分为 L 型接地开关和 T 型接地开关，如图 6-6 所示。

三工位组合隔离开关：为了更科学的缩小组合电器体积，还可将隔离开关、接地开关组合为一体，即为三工位隔离/接地开关，如图 6-7 所示。

电流互感器：GIS 设备中电流互感器装于断路器两侧，分为内置式和外置式。内置时为 SF_6 气体绝缘，外置时为空气绝缘，如图 6-8 所示。

电压互感器：GIS 设备中电压互感器为 SF_6 气体绝缘，安装方式分为正置式和倒置式，如图 6-9 所示。

氧化锌避雷器：避雷器主要是防止大气（雷电）过电压和操作过电压损坏电气设备。避雷器故障率相对而言高一些，因此建议将避雷器外置。

母线：变电站中电流走向的公共走廊，220kV 及以下系统中绝大多数为三相共箱，如图 6-10 所示。

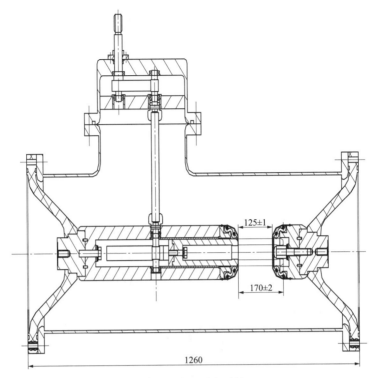

图 6-5　线型隔离开关

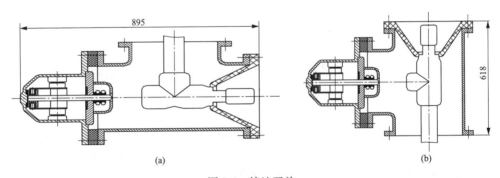

(a)　　　　　　　　　　　　　　　　　　(b)

图 6-6　接地开关

（a）L 型接地开关；（b）T 型接地开关

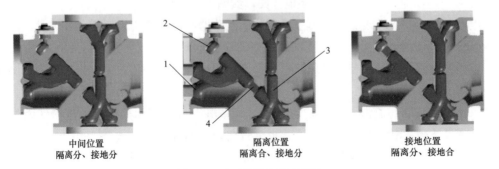

中间位置　　　　　　　　隔离位置　　　　　　　　接地位置
隔离分、接地分　　　　　　隔离合、接地分　　　　　　隔离分、接地合

图 6-7　三工位组合隔离开关

1—三工位隔离开关动侧；2—三工位隔离开关接地侧；3—三工位隔离开关静侧（母线）；4—动触头

图 6-8　电流互感器

(a)　　　　　　　　　　　　　　(b)

图 6-9　电压互感器

（a）正置安装的电压互感器；（b）倒置安装的电压互感器

图 6-10　组合电器的母线

伸缩节和波纹管：伸缩节为组合电器热胀冷缩时的缓冲器，一般配有导向弹簧。波纹管主要是调节垂直方向的不同心度，从密封方面考虑，波纹管附近的筒体是固定死的。伸缩节与波纹管的不同是，伸缩节筒体可以滑动，如图 6-11 所示。

盆式绝缘子：盆式绝缘子分为通盆、密封盆，通盆起绝缘支撑作用，密封盆除了起绝缘支撑作用，还起到担负密封作用。一般密封盆（标准名称为隔板，俗称气隔或死盆）外表标为红色或黄色、通盆一般标为绿色或灰色，如图 6-12 所示。

(a)　　　　　　　　　　　　　　　(b)

图 6-11　伸缩节和波纹管

（a）伸缩节；（b）波纹管

图 6-12　盆式绝缘子

密度继电器（二合一，包括压力表）：为保证 SF_6 气体的绝缘和灭弧性能，SF_6 设备均应装设压力表或密度继电器，用于监视 SF_6 气体压力或密度。目前 SF_6 设备使用的基本上为带报警和闭锁功能的压力表和继电器合二为一的气体密度继电器，它既可直观地监测到 SF_6 气体压力情况，同时也能实现压力降低后的报警和闭锁功能，如图 6-13 所示。

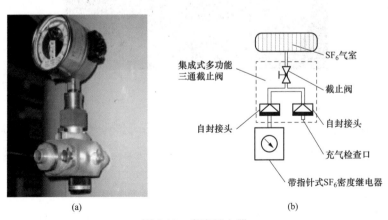

(a)　　　　　　　　　　　　　　　(b)

图 6-13　密度继电器

（a）实物图；（b）原理图

吸附剂：SF_6 气室内用于吸附 SF_6 分解物及微量水分，如图 6-14 所示。

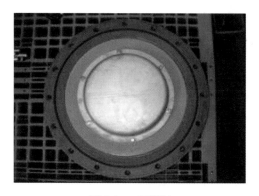

图 6-14 吸附剂

第二节 主要特点

GIS 主要特点包含以下几个方面：

（1）减少了占地面积。

（2）受环境因素影响小。

（3）运行安全可靠、维护工作量少、检修周期长。

（4）安装周期短。

（5）GIS 设备没有无线电干扰和噪声干扰。

HGIS 主要特点包含以下几个方面：

HGIS（Hybird gas insulated switchgear）称为混合型 GIS 或半 GIS，它的主要特点是扩建方便，运行方式灵活，同时将故障率较高的断路器、隔离开关等密封在 SF_6 气体中，将故障率相对较低的母线、避雷器等敞开布置，降低了设备成本，占地面积较 GIS 站要大，但较敞开式变电站少一半左右。HGIS 现场实物图如图 6-15 所示。

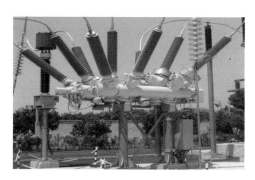

图 6-15 HGIS 现场实物图

500kV HGIS 布置方式一般采用一个半接线方式，以断路器为单元，3 台断路器单元连成一个整体或通过软导线连接，构成一个完整串。

220kV 及以下 HGIS 一般采用一体化设计，因而体积大大减少，节省占地面积。

第七章　母　线　保　护

第一节　母线的接线方式及常见故障

一、母线的接线方式

母线的接线方式主要有单母线、单母线分段、双母线、双母线单分段、双母线双分段、3/2 接线等。

当母线电压为 35~66kV、出线较少时，可采用单母接线方式，当出线较多时，可采用单母线分段接线方式；对于 110kV 母线，当出线数不大于 4 回线时，可采用单母线分段接线方式，如图 7-1 所示。

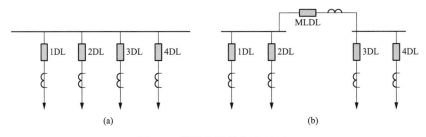

图 7-1　母线的接线方式（一）

（a）单母线；（b）单母线分段

在大型发电厂或枢纽变电站，当母线电压为 110kV 及以上，出线在 4 回以上时，一般采用双母接线方式，为减少正常检修和故障时的倒闸操作，一般可将工作母线分成 3~4 段，如图 7-2 所示。

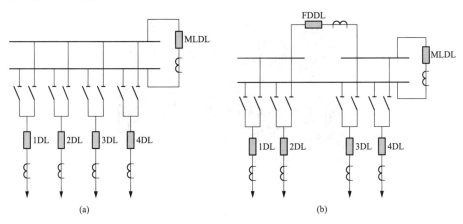

图 7-2　母线的接线方式（二）

（a）双母线；（b）双母线单分段

当母线故障时，为减少停电范围，220kV 及以上电压等级的母线可采用 3/2 断路器母线的接线方式，如图 7-3 所示。

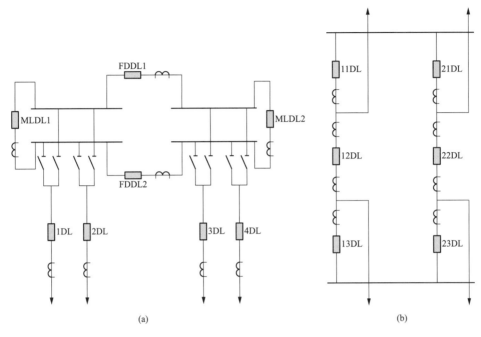

(a)   (b)

图 7-3　母线的接线方式（三）

（a）双母线分段；（b）3/2 接线

二、母线常见故障

母线常见故障类型主要是单相接地和相间短路故障，如图 7-4～图 7-6 所示。

（1）绝缘子对地闪络：绝缘子用来支持裸母线并使其与地绝缘。绝缘子常发生裂纹、掉块、对地闪络、绝缘电阻降低等故障。

（2）雷击。

（3）运行人员误操作，包括带负荷拉隔离开关、带地线合隔离开关。

（4）母线电压和电流互感器故障等。

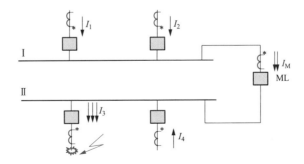

图 7-4　双母线接线方式区外故障

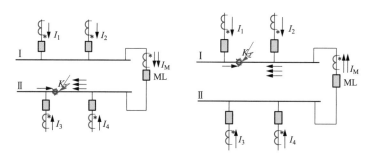

图 7-5　双母线接线方式区内故障

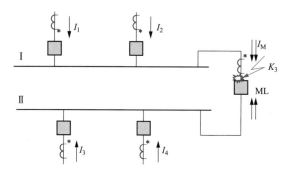

图 7-6　死区故障

对母线保护的要求包括以下几个方面：

（1）高度的安全性和可靠性。

（2）选择性强、动作速度快。

对电流互感器的要求包括以下几个方面：

（1）专用电流互感器二次回路中，且不接入其他设备的保护装置或测量仪表。

（2）电流互感器的测量精度高，暂态特性及抗饱和能力高。

（3）安装位置尽量靠近线路或变压器一侧，保证重叠保护，避免死区。

第二节　母线保护的装设原则及配置方案

一、母线保护的装设原则

（1）利用母线上其他供电元件的保护装置来切除故障。

1）利用发电机的过电流保护切除母线故障。

2）利用变压器的过电流保护切除低压母线故障。

3）双侧电源网络，利用电源侧的保护切除母线故障。

（2）装设专门的母线保护。对 220～500kV 母线，应装设快速有选择地切除故障的母线保护。110kV 双母线、110kV 单母线、重要发电厂或 110kV 以上重要变电站的 35～66kV 母线，需要快速切除母线上的故障时，应装设专门的母线保护。35～66kV 电力网中，主要变电站的 35～66kV 双母线或分段单母线需快速而有选择地切除一段或一组母线上的故障，应装设专门的母线保护，以保证系统安全稳定运行和可靠供电。

二、母线保护的配置方案

母线差动保护包括比率制动差动保护、母联/分段保护、死区保护、充电保护、断路器失灵保护、过流保护、非全相保护。辅助功能包括母线运行方式识别、TA 回路断线监视、TV 回路断线监视、隔离开关位置识别。重要的 220kV 及以上电压等级的母线都应当实现双重化，配置两套母线保护。

1. 母线差动保护——大差回路、小差回路

母线差动保护——大差回路、小差回路如图 7-7 所示。差动回路包括母线大差回路和各段母线小差回路。母线大差是指除母联开关和分段开关外所有支路电流所构成的差动回路。某段母线的小差是指该段母线上所连接的所有支路（包括母联和分段开关）电流所构成的差动回路。

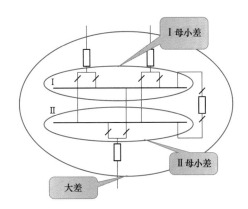

图 7-7　母线差动保护——大差回路、小差回路

2. 母线差动保护——TA 极性要求

支路 TA 同名端在母线侧，母联 TA 同名端在 I 母侧，如图 7-8 所示。

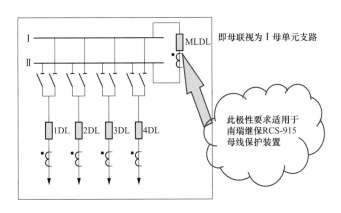

图 7-8　母线差动保护——TA 极性要求（RCS-915）

支路 TA 同名端在母线侧，母联 TA 同名端在 Ⅱ 母侧，如图 7-9 所示。

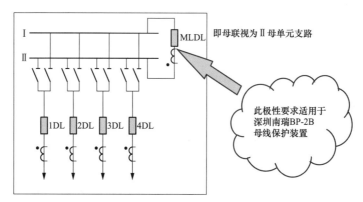

即母联视为 Ⅱ 母单元支路

此极性要求适用于深圳南瑞BP-2B母线保护装置

图 7-9 母线差动保护——TA 极性要求（BP-2B）

3. 母线差动保护——差动电流和制动电流

差动电流是指母线上有连接元件电流和的绝对值：

$$I_{\mathrm{d}} = \Big| \sum_{j=1}^{m} I_j \Big| \tag{7-1}$$

制动电流是指母线上所有连接元件电流绝对值之和：

$$I_{\mathrm{r}} = \sum_{j=1}^{m} |I_j| \tag{7-2}$$

首先规定电流互感器的正极性端在母线侧，一次电流参考方向由线路流向母线为正方向。计算大差、Ⅰ 母小差、Ⅱ 母小差差动电流以及制动电流，如图 7-10 和图 7-11 所示。

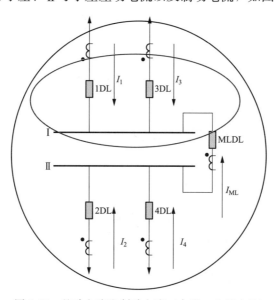

图 7-10 差动电流和制动电流（大差、Ⅰ 母小差）

大差：

$$\begin{cases} I_{\mathrm{d}} = |\dot{I}_1 + \dot{I}_2 + \dot{I}_3 + \dot{I}_4| \\ I_{\mathrm{r}} = |I_1| + |I_2| + |I_3| + |I_4| \end{cases}$$

Ⅰ母小差：

$$\begin{cases} I_{d1} = |\dot{I}_1 + \dot{I}_3 + \dot{I}_{ML}| \\ I_{r1} = |I_1| + |I_3| + |I_{ML}| \end{cases}$$

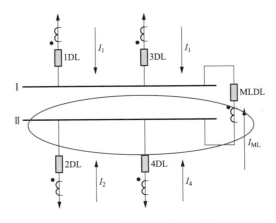

图 7-11　差动电流和制动电流（大差、Ⅱ母小差）

Ⅱ母小差：

$$\begin{cases} I_{d2} = |\dot{I}_2 + \dot{I}_4 - \dot{I}_{ML}| \\ I_{r2} = |I_2| + |I_4| + |I_{ML}| \end{cases}$$

母线差动保护动作方程（RCS-915）为：

$$\begin{cases} \left| \sum_{j=1}^{m} I_j \right| > I_{cdzd} \\ \left| \sum_{j=1}^{m} I_j \right| > K \sum_{j=1}^{m} |I_j| \, I_{cdzd} \end{cases}$$

此动作方程适用于南瑞继保 RCS-915 母线保护装置，制动系数 K 可整定。母线差动保护的动作曲线如图 7-12 所示。

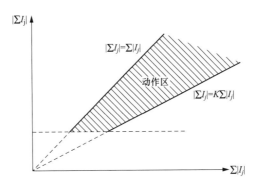

图 7-12　比例差动元件动作特性曲线

母线差动保护动作方程（BP-2B）为：

$$\begin{cases} \left| \sum_{j=1}^{m} I_j \right| > I_{cdzd} \\ \left| \sum_{j=1}^{m} I_j \right| > K \left(\sum_{j=1}^{m} |I_j| - \left| \sum_{j=1}^{m} I_j \right| \right) \end{cases}$$

此动作方程适用于深圳南瑞 BP-2B 母线保护装置，制动系数 K 可整定。母线差动保护的动作曲线如图 7-13 所示，此动作曲线适用于深圳南瑞 BP-2B 系列母线保护装置。

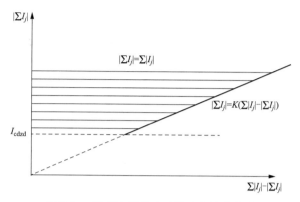

图 7-13 复式比例差动元件动作特性曲线

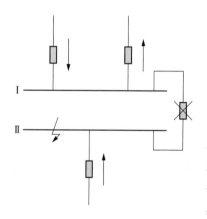

图 7-14 母线差动保护——比率
制动系数的高、低值

复式比率制动能够更明确地区分区内和区外故障。

复式比率制动原理的保护之所以能够提高内部故障时的灵敏度，是引入了复合的制动电流 I_r，一方面，在外部故障时，I_r 随着短路电流的增大而增大，$I_r \gg I_d$，能有效地防止差动保护误动。另一方面，在内部故障时，由于 $I_d \approx I_r$，$|I_d - I_r| \approx 0$，保护无制动量，即让复合制动电流在理论上为零，使差动保护能不带制动量灵敏动作。这样既有区外故障时保护的高可靠性，又有区内故障时保护的灵敏性。

母线差动保护——比率制动系数的高、低值如图 7-14 所示。

母线分列运行时，Ⅱ 母故障，Ⅰ 母上的负荷电流仍然可能流出母线。

在 Ⅰ、Ⅱ 母线分别接大，小电源或者母线上有近距离双回线时，电流流出母线的现象特别严重。此时，大差灵敏度下降。

因此，装置的大差比率元件采用 2 个定值，母线并列运行时，用比率系数高值；母线分列运行时，用比率系数低值，均为自动选择。

小差比率制动系数不论母线运行方式，均采用高值。

4. 电压闭锁元件（复压闭锁）

在动作于故障母线跳闸时必须经相应的母线电压闭锁元件闭锁。为防止差动元件出口继电器由于振动或人员误碰出口回路造成误跳断路器。复合电压闭锁元件的接点分别串接于差动元件出口继电器的各出口接点回路中。微机型母线保护采用软件闭锁方式。

　　一般在母线保护中，母线差动保护、断路器失灵保护、母联死区保护、母联失灵保护都要经过复合电压闭锁。但跳母联或分段断路器时不经过复合电压闭锁。母联充电保护和母联过流保护不经复合电压闭锁。

　　为防止电流互感器断线使差动保护误出口，母差保护一般均设置出口经复压闭锁的元件，其判据为：

$$\left.\begin{array}{l} U_\phi \leqslant U_{bs} \\ 3U_0 \geqslant U_{0bs} \\ U_2 \geqslant U_{2bs} \end{array}\right\} \tag{7-3}$$

　　式中，U_ϕ 为相电压，$3U_0$ 为三倍零序电压（自产），U_2 为负序相电压，U_{bs} 为相电压闭锁值，U_{0bs} 和 U_{2bs} 分别为零序、负序电压闭锁值。以上三个判据任一个动作时，电压闭锁元件开放。

　　只有当母差保护差动元件及复合电压闭锁元件同时动作时，才能去跳各路断路器

　　母联死区保护——合位死区如图 7-15 所示，分位死区如图 7-16 所示。

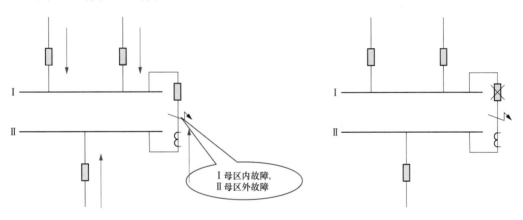

图 7-15　母联合位死区故障　　　　　　图 7-16　母联分位死区故障

　　母联合位时，若母联开关和母联 TA 之间发生故障，故障电流从Ⅱ母流向Ⅰ母，判断为Ⅰ母故障，母差保护动作跳开Ⅰ母及母联。此时故障仍然存在，正好处于 TA 侧母线小差的死区。

　　母联分位时，若母联开关和母联 TA 之间发生故障，故障电流从Ⅱ母流向Ⅰ母，判断为Ⅱ母区外故障，Ⅰ母小差有差流，但是Ⅰ母复合电压闭锁不能开放。

5. 母联充电保护

　　分段母线其中一段母线停电检修后，可以通过母联（分段）开关对检修母线充电以恢复双母运行。此时投入母联（分段）充电保护，当检修母线有故障时，跳开母联（分段）开关，切除故障。

　　充电保护投入后，当母联任一相电流大于充电电流定值，经可整定延时跳开母联开关，不经复合电压闭锁。

当母联断路器跳位继电器由"1"变为"0"或母联 TWJ＝1 且由无电流变为有电流（大于 $0.04I_n$），或两母线变为均有电压，短时（200～300ms）开放充电保护。

同时根据控制字决定在此期间是否闭锁母差保护。

另外，装置提供了外部闭锁母差保护功能。

闭锁母差保护的目的是防止母联失灵误动，以及被充电母线故障时避免扩大停电范围。

6. 母联失灵保护

当保护向母联发跳令后，经整定延时母联电流仍然大于母联失灵电流定值时，母联失灵保护经两母线电压闭锁后切除两母线上所有连接元件。

通常情况下，只有母差保护和母联充电保护才起动母联失灵保护。当投入"投母联过流起动母联失灵"控制字时，母联过流保护也可以起动母联失灵保护。

如果希望通过外部保护启动本装置的母联失灵保护，应将系统参数中的"投外部起动母联失灵"控制字置 1。

7. TA 回路断线监视——TA 断线 （南瑞保护）

大差电流大于 TA 断线闭锁整定值 IDX，延时发 TA 断线报警信号。

大差电流小于 TA 断线闭锁整定值 IDX，两个小差电流均大于 IDX 时，延时报母联 TA 断线。

母联电流回路断线，并不会影响保护对区内、区外故障的判别，只是会失去对故障母线的选择性。因此，联络开关（母联、分段）电流回路断线不需闭锁差动保护，只需转入母线互联（单母方式）即可。其他 TA 断线情况时均闭锁母差保护。

8. TA 回路断线监视——TA 异常

大差电流大于 TA 断线报警整定值 IDXBJ，延时发 TA 异常报警信号。

大差电流小于 TA 断线报警整定值 IDXBJ，两个小差电流均大于 IDXBJ 时，延时报母联 TA 异常报警信号。

许继及深南瑞保护判据：差电流大于 TA 断线定值，延时若干秒发 TA 断线告警信号，同时闭锁母差保护。电流回路正常后，经延时秒自动恢复正常运行。

9. TV 回路断线监视——TV 断线

（1）南瑞继保判据：

1）母线负序电压大于 12V。

2）母线三相电压幅值之和小于 U_n，且母联或任一出线的任一相有电流（$>0.04I_n$）或母线任一相电压大于 $0.3U_n$。

（2）许继判据：

1）母线负序电压大于 6V。

2）母线正序电压小于 30V。

（3）深圳南瑞判据：任何一段非空母线差动电压闭锁元件动作后延时 9s 发 TV 断线告警信号。除了该段母线的复合电压元件将一直动作外，对保护没有其他影响。

10. 母差保护与其他保护的配合及注意事项

（1）母线保护动作，闭锁式高频保护本侧收发信机停信，使对侧迅速跳闸。

（2）母线保护动作闭锁线路保护重合闸。

（3）母线保护动作时某一断路器失灵或者故障点位于断路器和电流互感器之间，启动失灵。

（4）母线保护区内故障，纵差线路保护由母线保护启动远跳对侧（DTT）。

（5）主变压器非电气量保护不启动母线失灵。

第八章　变压器保护

变压器的故障包括油箱内故障和油箱外故障。

变压器的不正常运行状态包括油面降低、过电流、过电压、过励磁、过负荷等。

变压器应装设的保护如图 8-1 所示。

图 8-1　变压器应装设的保护

第一节　变压器纵差动保护

变压器纵差保护的构成原理如图 8-2 所示。

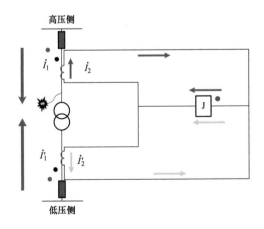

图 8-2　变压器纵差保护的构成原理

内部故障为：

$$\sum \dot{i} \neq 0$$

$$\dot{i}_j = \dot{i}_2 + \dot{i}_2' = \dot{i}_K \gg 0$$

内部故障时，只有流进变压器的电流而没有流出变压器的电流，其纵差保护动作，切除变压器。

变压器励磁涌流产生的原因是变压器铁芯严重饱和，励磁涌流为 $6\sim8Ie$，如图 8-3 所示。

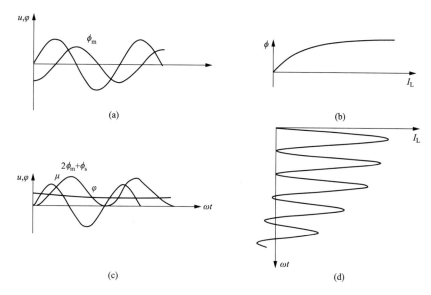

图 8-3　变压器励磁涌流产生的不平衡电流

为了防止差动保护在励磁涌流时误动，可以充分利用励磁涌流的特点，见表 8-1。

表 8-1　　　　　　　　　　　励 磁 涌 流 的 特 点

励磁涌流（%）	例1	例2	例3	例4
基波	100	100	100	100
二次谐波	36	31	50	23
三次谐波	7	6.9	9.4	10
四次谐波	9	6.2	5.4	—
五次谐波	5	—	—	—
直流	66	80	62	73

励磁涌流的特点有以下几个方面：
（1）有很大成分的非周期分量。
（2）有大量的高次谐波，尤以二次谐波为主。
（3）波形经削去负波后出现间断。
防止励磁涌流影响的方法有以下几个方面：
（1）采用间断角原理的差动保护。
（2）利用二次谐波制动。
（3）利用波形对称原理的差动保护。

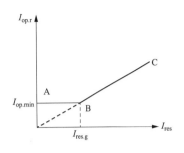

图 8-4   比率制动特性

比率制动特性的变压器差动保护，制动特性如图 8-4 所示。

比率制动特性的变压器差动保护的定值整定包括：

（1）最小动作电流：按躲过变压器在正常运行条件下产生的不平衡电流整定。

动作判据为：

$$\begin{cases} I_{op.r} \geqslant I_{op.min} & \text{当 } I_{res} \leqslant I_{res.g} \\ I_{op.r} \geqslant I_{op.min} + K(I_{res} - I_{res.g}) & \text{当 } I_{res} \geqslant I_{res.g} \end{cases}$$

式中　$I_{op.min}$——最小动作电流；

　　　$I_{res.g}$——拐点电流；

　　　K——比率制动特性的斜率。

（2）拐点电流：

$$I_{res.g} = (0.6 \sim 1.1)I_N \tag{8-1}$$

第二节　变压器相间短路的后备保护

过电流保护单相原理接线如图 8-5 所示。

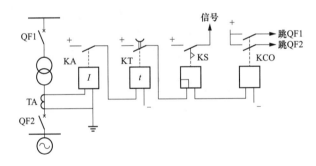

图 8-5   过电流保护单相原理接线图

复合电压起动的过电流保护原理接线如图 8-6 所示。

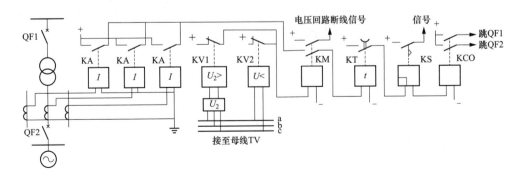

图 8-6   复合电压起动的过电流保护原理接线图

三绕组变压器过电流保护的特点是，对多侧电源的三绕组变压器，应该在三侧都装设独立的过电流保护。

第三节　变压器的接地保护

中性点直接接地变压器的零序电流保护如图 8-7 所示。

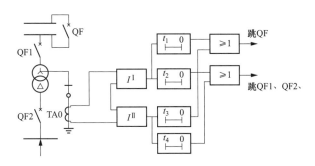

图 8-7　中性点直接接地变压器的零序电流保护

中性点经放电间隙接地的保护如图 8-8 所示。

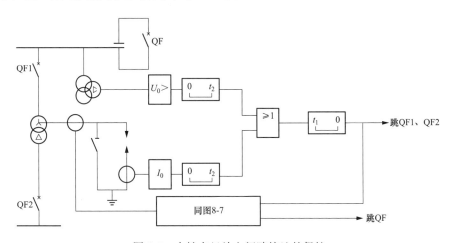

图 8-8　中性点经放电间隙接地的保护

第九章　线　路　保　护

第一节　纵　联　保　护　概　述

反映单侧电气量保护的缺陷如图 9-1 所示。其中，Ⅰ 段保护不能保护线路全长；不能实现全线速动。

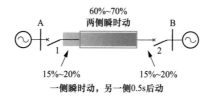

图 9-1　反映单侧电气量保护的缺陷

输电线路纵联保护及其结构框图如图 9-2 和图 9-3 所示。不需要与相邻线路保护配合，理论上具有绝对的选择性。电气量信息包含电流相量、电流相位特征、功率方向、测量阻抗特征等。

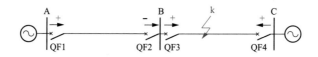

图 9-2　输电线路纵联保护

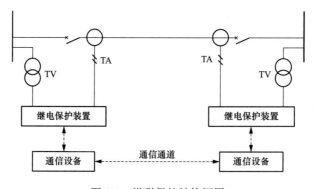

图 9-3　纵联保护结构框图

信息通道的类型包括：

（1）导引线通道，用来导引线纵联差动保护。

（2）电力线载波通道用作高频保护。

（3）微波通道（300～30000MHz）用作微波保护。

（4）光纤通道用作光纤保护。

采用脉冲编码调制 PCM 方式，光信号不受干扰。

纵联保护按照保护动作原理，可分为纵联电流差动保护、方向比较式纵联保护、高频闭锁距离保护、电流相位比较式纵联保护。

第二节 线路保护配置

RCS-901 线路保护配置见表 9-1。

表 9-1　　　　　　　　　　RCS-901 线路保护配置

纵联保护	独立 I 段	后备保护	重合闸
工频变化量方向和零序方向	工频变化量距离	三段式相间和接地距离； 二段零序方向过流（A 型）； 四段零序方向过流（B 型）	单重； 三重； 综重； 停用

RCS-902 线路保护配置见表 9-2。

表 9-2　　　　　　　　　　RCS-902 线路保护配置

纵联保护	独立 I 段	后备保护	重合闸
距离方向和零序方向	工频变化量距离	三段式相间和接地距离； 二段零序方向过流（A 型）； 四段零序方向过流（B 型）	单重； 三重； 综重； 停用

RCS-931 线路保护配置见表 9-3。

RCS-931G-U 具备可投退的联跳三相功能。当线路上发生故障，导致一侧保护动作跳开三相时，保护装置向对侧发远方三相跳闸信号，对侧收到远跳信号后，直接跳三相。

表 9-3　　　　　　　　　　RCS-931 线路保护配置

纵联保护	欠范围	后备保护	重合闸
工频变化量电流比率差动	工频变化量距离	三段式相间和接地距离； 零序定时限方向过流； 零序反时限方向过流	单重； 三重； 综重
稳态电流比率差动			
零序电流比率差动			

第三节 输电线路高频保护

1. 高频通道工作方式

（1）正常无高频电流方式（短期发信方式）。正常运行情况，发信机不发信，故障时，发信机发信，如图 9-4 所示。

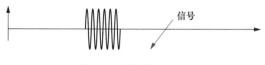

图 9-4　短期发信方式

（2）正常有高频电流方式（长期发信方式）。正常运行情况下，收、发信机一直处于发信和收信工作状态，如图 9-5 所示。

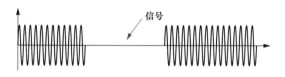

图 9-5　长期发信方式

（3）移频发信方式如图 9-6 所示。

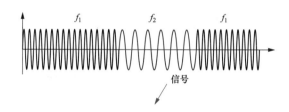

图 9-6　移频发信方式

2. 高频信号的应用

（1）跳闸信号如图 9-7 所示。

（2）允许信号如图 9-8 所示。

（3）闭锁信号如图 9-9 所示。

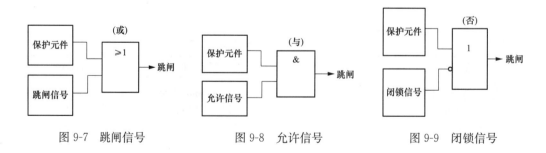

图 9-7　跳闸信号　　　　图 9-8　允许信号　　　　图 9-9　闭锁信号

第四节　闭锁式方向纵联保护

闭锁式方向纵联保护以正常无高频电流而在区外故障时发出闭锁信号的方式构成。此闭锁信号由短路功率为负的一侧发出，这个信号被两端的收信机所接收，而把保护闭锁，故称闭锁式方向纵联保护，如图 9-10 所示。

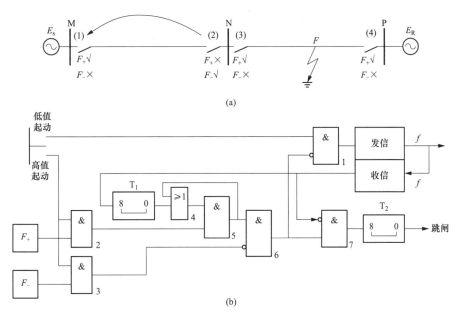

(a)

(b)

图 9-10　闭锁式纵联保护原理图

(a) 保护原理图；(b) 简略原理图

√—动作；×—不动作

保护发闭锁信号条件：低定值起动元件动作。

保护停信条件：①收信超过 8ms；②正方向元件动作，反方向元件不动作。

保护发出跳闸命令条件：①高定值起动元件动作；②正方向元件动作，反方向元件不动作；③收发信机收不到闭锁信号。

区内、外纵联闭锁式保护的工作原理图如图 9-11 和图 9-12 所示。

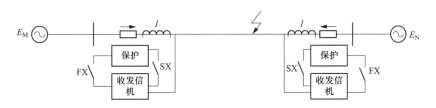

图 9-11　区内纵联闭锁式保护的工作原理图

区内：

第一步：短路时，两侧保护起动并发讯。M 侧，FX＝1，8MS。SX＝1 至少 8MS。N 侧，FX＝1，8MS。SX＝1 至少 8MS。

第二步：两侧保护装置距离方向或零序方向元件动作。M 侧，FX＝0，SX＝0。N 侧，FX＝0。SX＝0。

第三步：第二步条件满足后，两侧 SX＝0 再延时 8MS 跳闸。

图 9-12　区外纵联闭锁式保护的工作原理图

区外：

第一步：短路时，两侧保护起动并发讯。M 侧，FX＝1，8MS。SX＝1 至少 8MS。N 侧，FX＝1，8MS。SX＝1 至少 8MS。

第二步：M 侧为反方向，N 侧距离正方向或零序方向动作。M 侧，FX＝1，整组时间 7S SX＝1 至少 7S。N 侧，FX＝0，收对侧讯号，SX＝1，被对侧闭锁。

第三步：动作条件不满足，两侧保护都不跳。

第五节　纵联允许式保护

允许信号的纵联保护应用的是超范围允许式纵联保护，如图 9-13 所示。①起动元件起动；②F_+元件动作，F_-元件不动作；③收到对侧的高频信号。同时满足条件①和②，向对侧发高频信号。同时满足上述三个条件，8ms 后发跳闸命令。

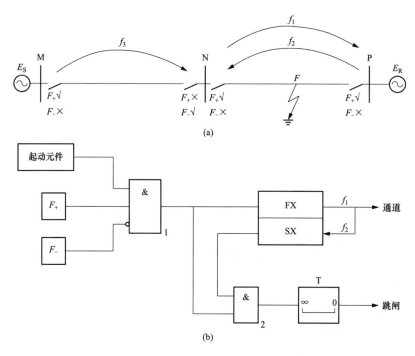

图 9-13　超范围允许式纵联方向保护原理及简略原理框图

（a）保护原理图；（b）简略原理框图

√—动作；×—不动作

纵联允许式保护工作原理如图 9-14 和图 9-15 所示。

图 9-14　纵联允许式保护工作原理——区外故障

第一步：短路时，M 侧为反方向，N 侧为正方向。M 侧，FX＝0，SX＝1 。N 侧，FX＝1，SX＝0 。

第二步：动作条件不满足，两侧都不跳。

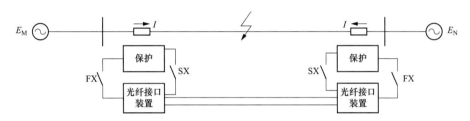

图 9-15　纵联允许式保护工作原理——区内故障

第一步：短路时，两侧保护都判为正方向并发讯。M 侧，FX＝1，SX＝1 至少 8MS。N 侧，FX＝1，SX＝1 至少 8MS。

第二步：第一步条件满足后跳闸。

第六节　光纤纵差保护

规定 TA 的正极性端指向母线侧，电流的参考方向以母线流向线路为正方向，如图 9-16 所示。

光纤电流纵差保护原理如图 9-17 所示。

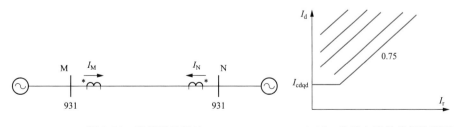

图 9-16　光纤纵差保护　　　　　9-17　光纤电流纵差保护原理

动作电流（差动电流）为：

$$I_d = | \dot{I}_M + \dot{I}_N |$$

制动电流为：

$$I_r = |\dot{I}_M - \dot{I}_N|$$

差流元件动作方程：

$$\begin{cases} I_d > I_{cdqd} \\ I_d > kI_r \end{cases}$$

区内故障时，两侧实际短路电流都是由母线流向线路，和参考方向一致，都是正值，差动电流就很大，满足差动方程，差流元件动作。如图 9-18 所示。

图 9-18   区内故障示意图

区外故障时，一侧电流由母线流向线路，为正值，另一侧电流由线路流向母线，为负值，两电流大小相同，方向相反，所以差动电流为零，差流元件不动作。如图 9-19 所示。

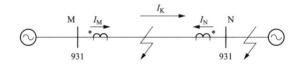

图 9-19   区外故障示意图

第十章　自动重合闸

第一节　自动重合闸的作用及基本要求

1. 自动重合闸的作用

系统中采用自动重合闸的优点包括：

（1）提高供电的可靠性。

（2）提高系统并列运行的可靠性，从而提高传送容量。

（3）对断路器本身引起的误跳闸，也能起纠正作用。

系统中采用自动重合闸的缺点包括：

（1）使电力系统再一次遭受故障的冲击，降低了超高压系统并列运行的可靠性。

（2）由于在很短时间内连续切除两次短路电流，使断路器的工作条件更加恶劣。

2. 对自动重合闸的基本要求

对 1kV 及以上的架空线路或混架线路，当有断路器时，都应装设重合闸。

（1）在手动跳闸、手动合闸到故障时，自动重合闸不应动作。

（2）当断路器由继电保护或其他原因跳闸后，自动重合闸均应动作。

（3）自动重合闸动作的次数应符合预先的规定。

（4）自动重合闸动作后一般应自动复归，准备好下次动作。

（5）自动重合闸的重合时间应能整定，以便能更好地与继电保护配合，加速故障的切除。

（6）双侧电源线路上实现重合闸，应考虑两侧电源间同步的问题。

3. 自动重合闸的分类

根据重合闸控制断路器相数的不同，可分为单相重合闸、三相重合闸、综合重合闸。对单电源线路，一般采用三相重合闸；发生单相故障时，若三相重合闸不能满足稳定要求，应选用单相重合闸或综合重合闸。

第二节　输电线的三相一次重合闸

1. 单侧电源线路的三相一次重合闸

三相一次重合闸不需要考虑电源间的同步问题，不需要判别故障类型，实现简单，其工作原理框图如图 10-1 所示。

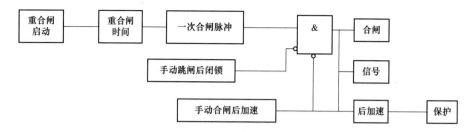

图 10-1　三相一次重合闸工作原理框图

2. 双侧电源线路的检同期三相一次重合闸

双侧电源送电线路重合闸的特点包括：

（1）当线路发生故障跳闸后，需要考虑两侧电源是否同步，以及是否允许非同步合闸的问题。

（2）当线路上发生故障时，两侧的保护可能以不同的时限动作于跳闸，如一侧为第Ⅰ段动作，另一侧为第Ⅱ段动作。为了保证故障点电弧的熄灭和绝缘强度的恢复，以使重合闸可能成功，线路两侧的重合闸必须保证在两侧的断路器都跳闸后再进行重合。

双侧电源送电线路重合闸的主要方式包括：

（1）快速自动重合闸。保护断开两侧断路器后，0.5～0.6s后进行重合。使用快速自动重合闸应满足以下要求：

1）线路两侧都装有可以进行快速重合的断路器，如快速气体断路器。

2）线路两侧都装有全线速动的保护，如纵联保护。

3）重合瞬间输电线路中出现的冲击电流对电力设备、电力系统的冲击均在允许范围内。

（2）非同期重合闸。不考虑系统是否同步而进行自动重合闸的方式（期望系统自动拉入同步，须校验冲击电流，防止保护误动）。

（3）检同期的自动重合闸。当必须满足同期条件才能合闸时，使用检同期重合闸。

具有同期和无压检查的重合闸接线示意图如图 10-2 所示。

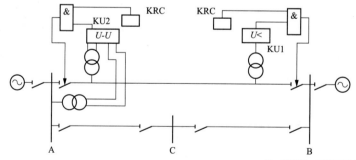

图 10-2　具有同期和无压检查的重合闸接线示意图

KU2—同步检定继电器；KU1—无电压检定继电器；KRC—重合闸继电器

具有检无压和检同期重合闸的改进：在使用检查线路无电压方式重合闸的一侧，当该侧断路器在正常运行下由于某种原因（如误碰跳闸开关，保护误动作等）而跳闸时，由于对侧并未动作，线路上有电压，因而不能实现重合，这是一个很大缺陷。为解决这一问题，通常在检定无电压的一侧也同时接入同步继电器，两者经"或"门并联工作，如图 10-3 所示。

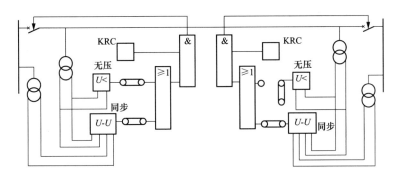

图 10-3 具有检无压和检同期重合闸的改进

一侧采用投入无电压检定和同步检定（两者并联工作），另一侧只投入同步检定。两侧的投入方式可以利用其中的压板定期轮换。这样可使两侧断路器切断故障次数大体相同。

线路故障时，甲、乙开关跳闸，甲开关检无压（同时检同期），因线路已失压其无压条件满足，甲开关重合，若为瞬时故障，则甲开关重合成功；乙开关检同期，甲开关重合后，当满足同期条件时，乙开关重合，如图 10-4 所示。

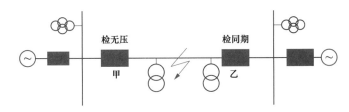

图 10-4 重合闸的应用

甲开关发生偷跳时，因甲开关检无压的同时也检同期，同期条件满足则甲开关重合。若甲开关重合于永久性故障，则甲开关后加速跳闸，乙开关同期条件不能满足，乙开关不重合。

第三节 输电线的单相重合闸

运行经验表明，220～500kV 系统发生的故障，90％以上均为单相接地短路。

单相重合闸指单相故障跳单相，经一定时间重合单相，重合不成功再跳开三相。单相自动重合闸与保护的配合关系如图 10-5 所示。

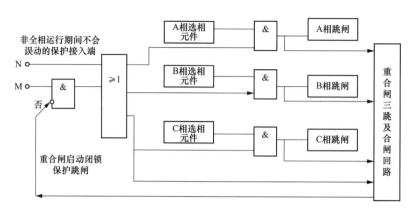

图 10-5　单相自动重合闸与保护的配合关系

故障发生后工作过程为：

保护装置动作　　　　→　　经与门进行单相跳闸并　　单相故障　　　进行单相跳闸和
选相元件动作　　　　　　　启动重合闸合闸回路　　　　　　　　　单相重合

进行三相重合或不进行重合　←　跳开三相　←　相间故障时

第十一章　智能变电站继电保护技术

第一节　智能变电站保护术语

1. 智能变电站（smart substation）

智能变电站是采用先进、可靠、集成、低碳、环保的智能设备，以全站信息数字化、通信平台网络化、信息共享标准化为基本要求，自动完成信息采集、测量、控制、保护、计量和监测等基本功能，并可根据需要支持电网实时自动控制、智能调节、在线分析决策、协同互动等高级功能的变电站。

智能变电站的特点是，功能集成化、结构紧凑化、信息标准化、协同互动化。

2. 智能终端（smart terminal）

智能终端是一种智能组件。与一次设备采用电缆连接，与保护、测控等二次设备采用光纤连接，实现对一次设备（如断路器、隔离开关、主变压器等）的测量、控制等功能，如图 11-1 所示。

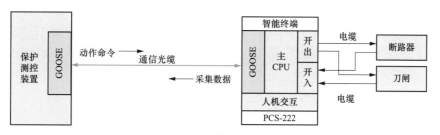

图 11-1　智能终端的接线

智能终端通常安装在一次设备旁，如图 11-2 所示。通常需要专门设计屏柜，以保障其防湿热、防尘、防辐射等各项技术指标满足户外恶劣环境下的运行要求。

图 11-2　智能终端

3. 合并单元 （merging unit）

合并单元是用以对来自二次转换器的电流和/或电压数据进行时间相关组合的物理单元。合并单元可以是互感器的一个组成件，也可以是一个分立单元，如图 11-3 所示。

图 11-3　合并单元

合并单元的三大主要功能是，数据合并、数据同步、信号分配。

4. 制造报文规范 （MMS）

制造报文规范是 ISO/IEC 9506 标准所定义的一套用于工业控制系统的通信协议。

5. GOOSE

GOOSE 是一种面向通用对象的变电站事件。主要用于实现在多 IED 之间的信息传递，包括传输跳合闸信号（命令），具有高传输成功概率，如图 11-4 和图 11-5 所示。

6. SV （sampled value）

SV 是采样值。基于发布/订阅机制，交换采样数据集中的采样值的相关模型对象和服务，以及这些模型对象和服务到 ISO/IEC 8802-3 帧之间的映射，如图 11-4 和图 11-5 所示。

图 11-4　GOOSE 和 SV 信号

7. 智能变电站工程配置文件（见图 11-6）

ICD 文件：IED 能力描述文件，由装置厂商提供给系统集成厂商。

SSD 文件：系统规格文件，全站唯一，描述了变电站一次系统结构以及相关联的逻辑节点。

SCD 文件：全站系统配置文件，全站唯一，描述了所有 IED 的实例配置和通信参数、IED 之间的通信配置以及变电站一次系统结构，由系统集成厂商完成。

CID 文件：IED 实例配置文件，每个装置有一个，由装置厂商根据 SCD 文件中本 IED 相关配置生成。

"三层两网"指过程层、间隔层、站控层＋过程层网络、站控层网络，如图 11-7 所示。站控层含自动站级监视控制系统、站域控制、通信系统、对时系统等。间隔层含继电保护装置、系统测控装置、监测功能组主 IED 等二次设备。过程层含变压器、断路器、隔离开关、电流/电压互感器等一次设备及其所属的智能组件以及独立的智能电子装置。

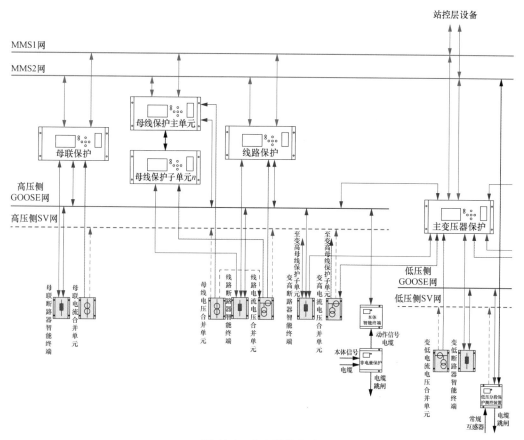

图 11-5　变电站信息流

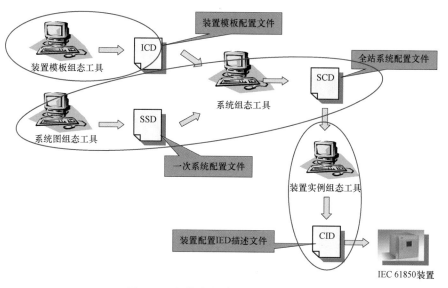

图 11-6　智能变电站工程配置流程图

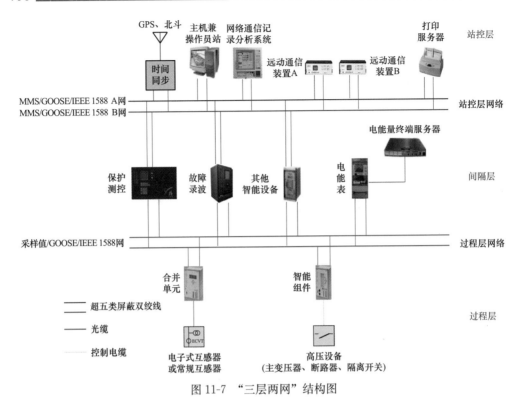

图 11-7　"三层两网"结构图

一体化监控系统结构如图 11-8 所示。

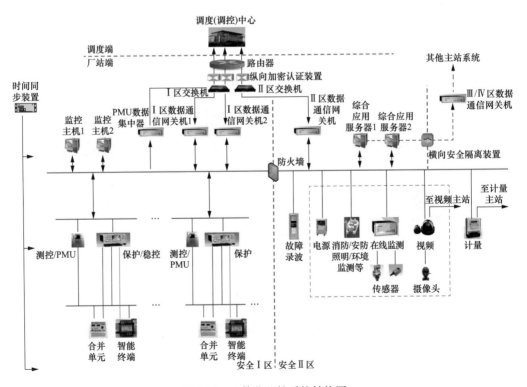

图 11-8　一体化监控系统结构图

第二节　智能变电站保护配置

500kV 设备：双重化配置，保护设备不跨网。

220kV 设备：双重化配置，保护设备不跨网。

TA 绕组：一般 4 个绕组，2 个保护用，1 个测控用，1 个计量用。

线路保护：第一套（微机方向高频、微机方向光纤、微机光纤纵差）、第二套（微机高频闭锁、微机光纤闭锁、微机光纤纵差）；分别与第一、二套合并单元、智能终端相连接；分别与第一、二套母差保护配合。

母差保护：第一、二套母差保护；分别与第一、二套合并单元、智能终端相连接；分别与第一、二套母线电压合并单元配合。

母联（分段）独立过流保护：第一、二套母联（分段）独立过流保护；分别与第一、二套合并单元、智能终端相连接；分别与第一、二套母差保护配合。

变压器保护：第一、二套变压器保护；分别与第一、二套合并单元、智能终端相连接；分别与第一、二套母差保护配合；非电量保护单套配置（集成在主变本体智能终端）。

合并单元：间隔合并单元、母线电压合并单元分别称为第一、第二套××合并单元。

智能终端：间隔智能终端分别称为第一、第二套××智能终端；主变压器本体终端单套配置；母线按段配置智能终端。

过程层网络：GOOSE（SV）A、B 网络，分别与第一、二套保护对应。

交换机配置：按间隔配置；在网络中的作用和地位命名，如 GOOSE A 网根交换机、GOOSE A 网子交换机、GOOSE 交换机等。分别与第一、二套相对应。

故障录波器（网络分析仪）：第一、二套故障录波器（网络分析仪），对应接入第一、二套网络。

故障信息子站：集成在一体化监控系统；也可单套配置；称为××站保信子站或××站继电保护故障信息子站。

行波测距装置：暂无应用。

110kV 设备：单套配置。

第三节　智能变电站保护信息流

智能保护与常规保护对比如图 11-9 所示。

一次设备的智能化改变了传统变电站继电保护设备的结构：

(1) AD 变换下放至过程层设备 MU。

(2) 开关量输出 DO、输入 DI 移入智能终端，保护装置发布命令，由一次设备的智能终端来执行操作。

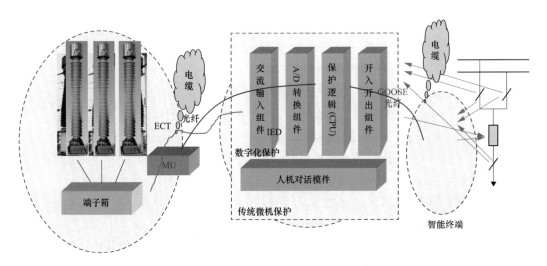

图 11-9 智能保护与常规保护对比

智能变电站线路保护信息流如图 11-10 所示。

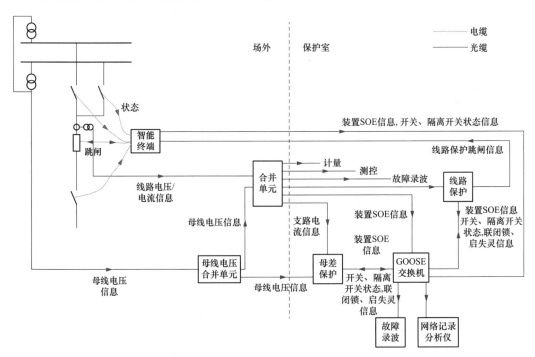

图 11-10 智能变电站线路保护信息流

智能变电站母差保护信息流如图 11-11 所示。

智能变电站变压器保护信息流如图 11-12 所示。

远方操作模式控制类软压板只能在就地修改。当该类压板的值被整定为"1"时，同时保护屏上"远方操作"硬压板也为"1"时，后台可以通过 IEC 61850 规约进行装置软压板修改、保护定值整定、定值区切换等相关操作。

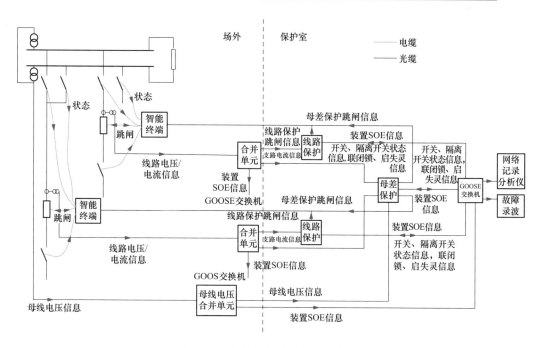

图 11-11　智能变电站母差保护信息流

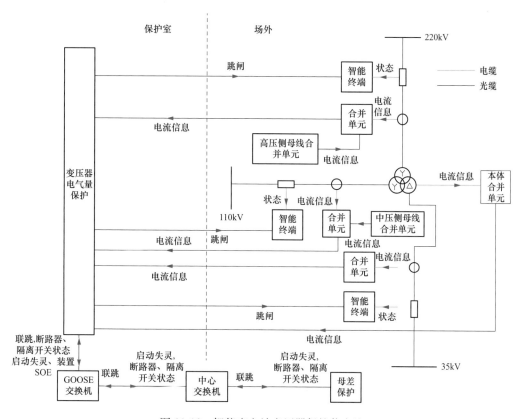

图 11-12　智能变电站变压器保护信息流

GOOSE 软压板包括 GOOSE 接收软压板和 GOOSE 发送软压板。配置原则为：

（1）宜简化保护装置之间、保护装置和智能终端之间的 GOOSE 软压板。

（2）保护装置应在发送端设置 GOOSE 输出软压板。

（3）线路保护及辅助装置不设 GOOSE 接收软压板。

（4）母线保护的启动失灵开入设置设 GOOSE 接收软压板。

（5）母线保护和变压器保护的失灵联跳开入设 GOOSE 接收软压板。

保护装置应按 MU 设置 SV 接收软压板；退保护 SV 接收压板时，装置面板会给出明确的提示确认信息，经确认后可退出压板；保护 SV 接收压板退出后，电流/电压显示为 0，不参与逻辑运算，不应发 SV 品质报警信息；退保护 SV 接收压板不经电流把关。对于间隔电流类 SV 接收软压板，其退出相当于"封 TA"，必须确保当该间隔（支路）一次系统退出运行时，才允许退出该间隔 SV 接收软压板。

智能变电站保护信息判断机制如图 11-13 所示。

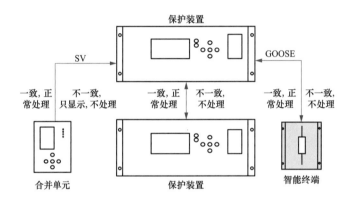

图 11-13　智能变电站保护信息判断机制

MMS 报文检修处理机制：保护装置报文上送带品质位信息，"保护检修状态"硬压板遥信不置检修标志；客户端根据上送报文中的品质 q 的 test 位判断报文是否为检修报文并作出相应处理。当报文为检修报文，报文内容应不显示在简报窗中，不发出音响告警，但应该刷新画面，保证画面的状态与实际相符。检修报文应存储，并可通过单独的窗口进行查询。

GOOSE 报文检修处理机制：装置检修压板投入时，装置发送的 GOOSE 报文中的 test 应置位；GOOSE 接收端装置应将接收的 GOOSE 报文中的 test 位与装置自身的检修压板状态进行比较，只有两者一致时才将信号作为有效进行处理或动作，不一致时不认可对方发送过来的 GOOSE 信息，对于保护装置，跳闸位置保持原来的值，其他信号清零。当发送方 GOOSE 报文中 test 置位时发生 GOOSE 中断，接收装置应报具体的 GOOSE 中断告警，但不应报"运行异常"信号，不应点"装置告警（异常）"灯。如，线路间隔检修，母差保护接收线路间隔失灵开入，线路投检修压板后断开链路，母差保护有断链报文，不点告警灯。

SV 报文检修处理机制：当合并单元装置检修压板投入时，发送采样值报文中采样值数据的品质 q 的 test 位应置 True。SV 接收端装置应将接收的 SV 报文中的 test 位与装置自身的检修压板状态进行比较，只有两者一致时才将该信号用于保护逻辑，否则应按相关通道采样异常进行处理。对于多路 SV 输入的保护装置，一个 SV 接收软压板退出时应退出该路采样值，该 SV 中断或检修均不影响本装置运行。如，对于 3/2 接线的线路保护，边开关退出运行时，要退出边开关 SV 接收软压板，该链路中断或检修时不影响线路保护运行。

智能变电站总体上与常规变电站的继电保护操作原则一致，不同之处在于：①以软压板操作为主；②SV 软压板操作；③监控远方操作；④操作后不易直观判断隔离点。

第四节　新一代智能变电站

新一代智能变电站与常规变电站相比：

（1）一次系统差异较大。新一代智能变电站采用隔离式断路器（集成隔离开关、断路器、接地隔离开关、TV、TA 等功能于一体）、取消线路出线侧隔离开关。

（2）二次系统差别不大。

图 11-14　新一代智能变电站技术路线

新一代智能变电站技术路线如图 11-14 所示。新一代智能变电站的目标是，系统高度集成、结构布局合理、装备先进适用、经济节能环保、支撑调控一体。

近期技术方案以"占地少、造价省、可靠性高"为目标，构建以"集成化智能设备＋一体化业务系统"应用为特征的新一代智能变电站。远期技术方案围绕"新型设备、新式材料、新兴技术"，提出基于电力电子技术和超导技术应用的两种远期技术路线。

新一代智能变电站总体方案如图 11-15 所示。

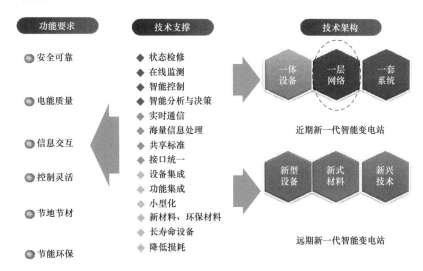

图 11-15　新一代智能变电站总体方案

新一代智能变电站系统架构见表 11-1。

表 11-1　　　　　　　　　　　　新一代智能变电站系统架构

序号	网络架构	优点	缺点	图示
1	"三层两网" 220kV变电站应用	（1）技术成熟可靠，产品改动较少。（2）易于实现，风险小	（1）网络配置及二次接线复杂，投资大。（2）信息共享率较低	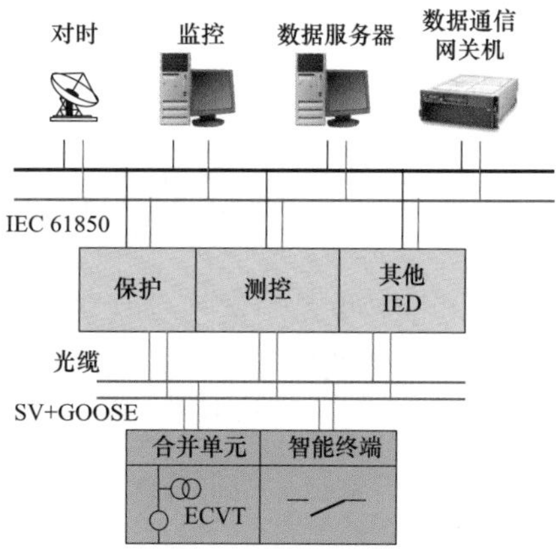
2	"三层一网" 110kV变电站示范应用	（1）网络架构简单。（2）全站信息网络化共享，容易实现全站设备监测。（3）站域保护实现方便	（1）工程应用少，可靠性有待研究。（2）存在不同电压等级共网、分区、网络带宽等问题。（3）对装置处理能力要求高，硬件架构需改动	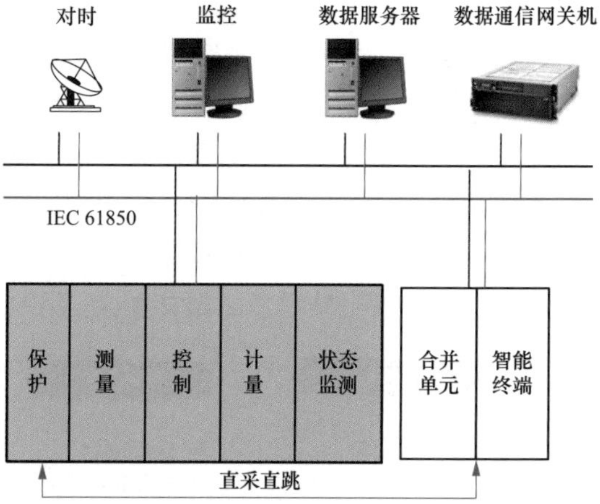

　　层次化保护是指综合应用电网全网数据信息，通过多原理、自适应的故障判别方法，实现时间维、空间维和功能维的协调配合，提升继电保护性能和系统安全稳定运行能力的保护控制系统，如图 11-16 所示。

　　就地层保护独立、分散实现其保护功能；站域层保护利用全站信息优化保护性能；广域层保护利用广域信息，优化站域层和就地层保护功能。三层保护协调配合，构成以就地层保护为基础、站域层保护与广域层保护为补充的多维度层次化继电保护系统。

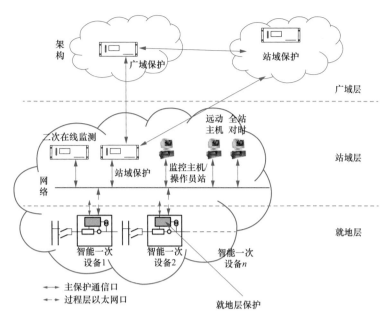

图 11-16　层次化保护控制系统图

一体化业务平台是智能变电站站级业务功能的支撑平台，运行在监控主机和综合应用服务器之上，由基础平台、公共服务和统一访问接口三部分组成，可通过标准化的接口接入第三方的扩展应用模块，共同完成电网监控、设备监测及各类运行管理与维护业务，具有平台开放、可扩展、易维护、按需配置的特征，如图 11-17 所示。

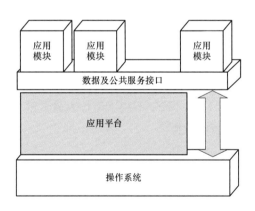

图 11-17　一体化业务平台

第五节　新六统一保护设备

新六统一规定的保护软件构成原则应从基础型号功能和选配功能方面来考虑。以 2M 双光纤线路差动保护为例，基础型号功能为纵联电流差动保护接地和相间距离保护零序过流保护重合闸，选配功能为零序反时限过流保护三相不一致保护过流过负荷功能电铁、钢厂等冲击性负荷过电压及远方跳闸保护 3/2 断路器接线。

保护装置软件版本构成如图 11-18 所示。

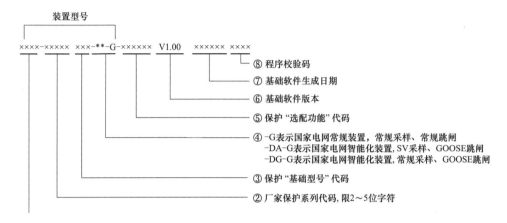

图 11-18   保护装置软件版本构成

第六节   继电保护信息规范

1. 修订背景

信息分为以下四大类：

（1）保护动作信息。保护事件、保护录波。

（2）告警信息。故障信号、告警信号、通信工况、保护功能闭锁。

（3）在线监测信息。保护遥测、定值区号、装置参数、保护定值、遥测。

（4）状态变位信息。保护遥信、保护压板、保护功能状态、装置运行状态、远方操作保护功能投退。

不同厂家保护设备告警名称不一致，不利于运行人员了解、掌握告警的具体含义。

2. 智能变电站保护告警信息分类

（1）装置软、硬件异常。

（2）装置非正常状态。

（3）二次回路异常：交流电压、电流断线检查。

（4）过程层相关数据异常：SV 采样、GOOSE 开入。

（5）系统异常或特殊状态。

（6）时间管理。

智能变电站保护告警信息及对保护的影响示例如下：

装置软、硬件异常见表 11-2。

表 11-2   装置软、硬件异常

告警名称	告警原因	影响后果	处理方法
保护 CPU 插件异常	保护 CPU 插件运行异常	保护装置运行灯灭，闭锁保护装置	需立刻联系厂家进行处理
过程层插件通信异常	过程层插件与保护 CPU 通信异常	点装置告警灯，过程层插件异常，可能导致 SV 采样中断，或 GOOSE 接收中断、GOOSE 出口中断	需立刻联系厂家进行处理
智能 IO 插件闭锁	智能开入开出插件闭锁	保护装置运行灯灭。智能开入、开出插件运行异常，可能导致无法正常接收开入信号，开出信号无法输出	需立刻联系厂家进行处理
管理任务异常	管理 CPU 插件异常	装置站控层通信异常	告警，不点灯，仅发报文。查看装置运行报告，确定问题插件
智能插件告警	智能插件运行异常	智能开入、开出插件运行异常，可能导致无法正常接收开入信号，开出信号无法输出	仅告警，通知厂家

二次回路异常见表 11-3。

表 11-3   二 次 回 路 异 常

告警名称	告警原因	影响后果	处理方法
TA 断线	TA 回路异常	点装置告警灯，闭锁相关保护功能	检查 TA 外回路有无异常，若不恢复通知检查处理
TV 断线	TV 回路异常	点装置告警灯，闭锁相关保护功能	如果是操作引起，不必处理。如果正常运行过程中报警，检查保护电压二次回路
TV 相序错	接入保护装置的 TV 相序错误	点装置告警灯	检查 TV 回路
TA 相序错	接入保护装置的 TA 相序错误	点装置告警灯	检查 TA 回路
同期电压异常	同期电压异常	点装置告警灯，检同期功能不满足	如果是操作引起，不必处理。如果正常运行过程中报警，检查同期电压二次回路

过程层相关数据异常见表 11-4。

表 11-4   过程层相关数据异常

告警名称	告警原因	影响后果	处理方法
GOOSE 总告警	GOOSE 断链或配置错误	告警灯亮，失去相关保护功能	检查 GOOSE 网络及设置
GOOSE 链路中断	GOOSE 收发回路异常	告警灯亮，失去相关保护功能	检查 GOOSE 网络收发回路
SV 总告警	SV 断链、配置错误或 SV 品质异常	告警灯亮，闭锁相关功能	检查 SV 网络及设置
××SV 采样链路中断	SV 接收回路断链	告警灯亮，闭锁相关功能	检查 SV 接收回路是否断链
SV 检修状态不一致	MU 与保护装置检修不一致	告警灯亮，闭锁相关功能	检查 MU 与保护装置检修压板状态

第十二章　继电保护二次回路——控制回路

第一节　断路器控制回路的方式和基本要求

1. 断路器的控制方式

断路器的控制方式如图 12-1 所示。

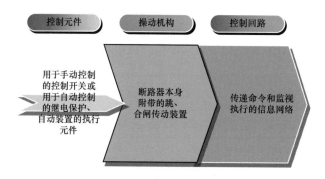

图 12-1　断路器的控制方式

按控制地点不同分为远方控制和就地控制，如图 12-2 所示。

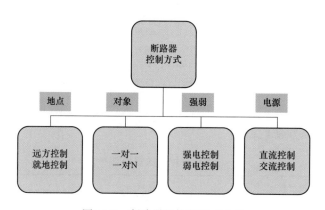

图 12-2　断路器的控制方式分类

2. 断路器的控制回路基本要求

（1）断路器的跳、合闸电路只允许短时接通，操作完毕后应立即自动地切断。

断路器操作机构的合闸线圈与跳闸线圈均按短时通电设计，在操作任务完成后，应自动切断跳闸或合闸电流。因此为了满足这一要求，在跳闸与合闸电路中分别串入了断路器的辅助触点，在断路器跳闸或合闸后自动断开相应电路，如图 12-3 所示。

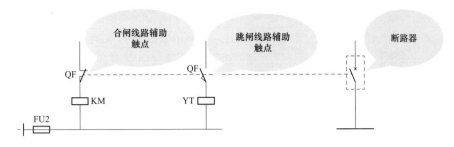

图 12-3　断路器的辅助触点串入控制回路

因为断路器的合闸或者分闸线圈的电阻一般为几十欧到 100 多欧，如果长时间通电，那么线圈非常容易被烧坏。

（2）控制回路应具备手动操作和自动操作的可能性。

为满足这一要求，只要将自动合闸装置的出口触点与 SA 的合闸触点并联，继电保护装置或其他自动跳闸装置的出口触点与 SA 的跳闸触点并联即可实现，如图 12-4 所示。

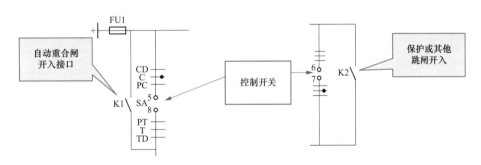

图 12-4　断路器的跳、合闸电路

（3）控制回路装设有防跳回路。断路器的位置信号一般用信号灯表示，通过信号灯的灯光，可以了解断路器的状态。

（4）控制回路应能监视控制电源及跳、合闸回路的完好性；对于分相操作的断路器，应有监视三相位置是否一致的措施。

对控制回路的基本要求除上述四点外，结合不同的操作机构还有不同的要求。

第二节　控　制　开　关

1. 控制开关的作用

控制开关在断路器控制回路中作为运行值班员进行正常停、送电的手动控制元件。控制开关的构成如图 12-5 所示。

控制开关采用旋转式，通过将手柄向左或向右旋转一定角度来实现从一种位置到另一种位置的切换，其中手柄看做成带或不带自复机构两种类型，带自复机构宜用于发分、合闸命令，只允许在发命令时接通，在操作后自动恢复原位。

图 12-5　控制开关

2. LW2 型控制开关

LW2 型控制开关有两个固定位置和两个操作位置（由垂直位置顺时针旋转 45°或水平位置逆时针旋转 45°）。由于具有自由行程，故开关触点位置共有六种状态，即预备合闸、合闸、合闸后、预备跳闸、跳闸、跳闸后，能够把跳、合闸操作分为两部分。

3. LW21 型控制开关

LW21 型控制开关手柄位置和 LW2 型控制开关完全一样，有两个固定位置和两个操作位置，但是触点盒的结构非常简单，见表 12-1。

表 12-1　　　　　　　　　　控 制 开 关 触 点 样 式

运行位置	触点	1-2　5-6	3-4　7-8
预备合闸、合闸后	↑	—	—
合闸	↗	×	—
预备跳闸、跳闸后	←	—	—
跳闸	↙	—	×

第三节　控制回路原理图

基本跳合闸回路如图 12-6 所示。基本跳合闸回路包含手动跳闸、手动合闸、自动跳闸、自动合闸功能。

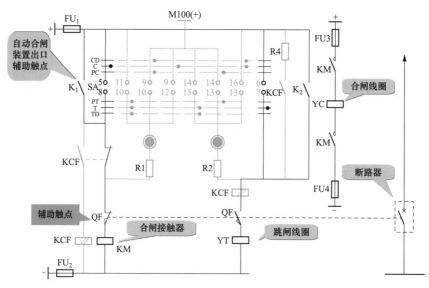

图 12-6　基本跳合闸回路图

跳合闸回路示例如图 12-7 所示。

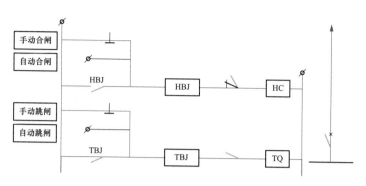

图 12-7　跳合闸回路示例

目前使用的跳合闸线路没有合闸接触器和控制开关。

由于某种原因，造成断路器不断重复跳—合—跳—合—跳的过程称为跳跃。跳跃产生原因如图 12-8 所示。

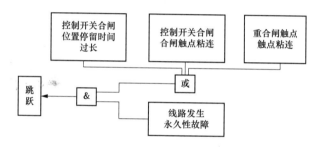

图 12-8　跳跃产生原因

断路器防跳闭锁控制回路如图 12-9 所示。

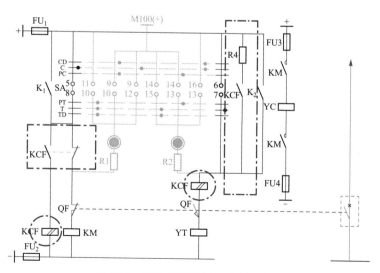

图 12-9　断路器防跳闭锁控制回路图

防跳闭锁控制回路示例如图 12-10 所示。

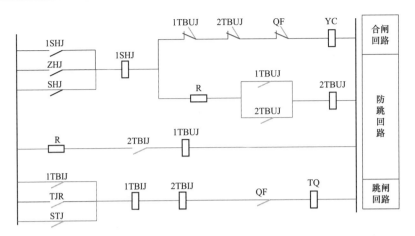

图 12-10 防跳闭锁控制回路示例

位置信号回路如图 12-11 所示，跳合闸信号控制回路如图 12-12 所示。

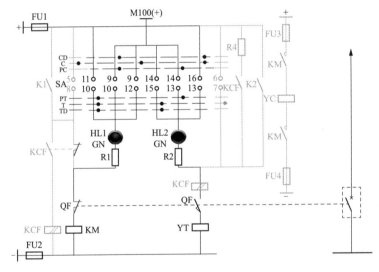

图 12-11 位置信号回路图

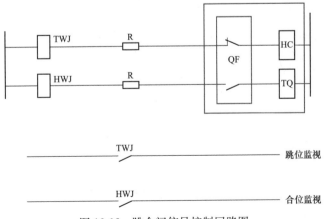

图 12-12 跳合闸信号控制回路图

跳合位置信号的应用如图 12-13～图 12-17 所示。

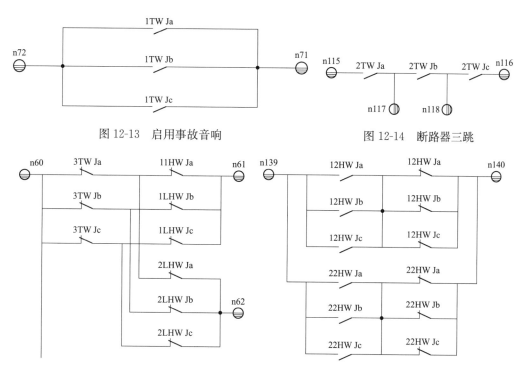

图 12-13　启用事故音响

图 12-14　断路器三跳

图 12-15　控制回路断线

图 12-16　启动三相不一致保护

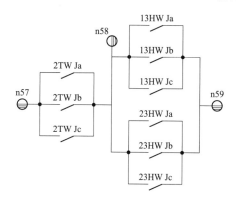

图 12-17　断路器位置不一致或非全相运行报警

第十三章　继电保护二次回路——交流二次回路

第一节　二　次　回　路　概　述

在电力系统中，根据电气设备的作用，通常将其分为一次设备和二次设备。一次设备是指直接用于生产、输送、分配电能的电气设备。对于变电站，包括主变压器、站用变压器、消弧线圈、母线、线路、高压电缆、开关、隔离开关、电流互感器、电压互感器、电容器、避雷器等。二次设备是用于对电力系统及一次设备的工况进行监视、控制、调节和保护的低压电气设备，包括测量仪表、一次设备的控制、运行情况监视信号及自动化监控系统、继电保护和安全自动装置、通信设备等。交流回路是继电保护、自动装置、测量等装置用以准确计算一次电流、电压、功率的重要组成回路。二次设备见表 13-1。

表 13-1　　　　　　　　　　　　　　二　次　设　备

二次设备名称	包含设备
测量仪表	电能表、电流、电压表、有功、无功表、温度表
保护及自动装置	主变压器、线路、母线、母联、电容器等保护装置；减载、解列、录波、备自投等自动装置
自动化监控设备	公用测控、远动通信、各单元测控、自动校时监控后台等设备
通信设备	通信传输、分配、光电转换等设备

二次回路功能包含以下几个方面：
（1）用以采集一次系统电压、电流信号的交流电压、交流电流回路。
（2）用以对断路器及隔离开关等设备进行操作的控制回路。
（3）用以对发电机励磁回路、主变压器分接头进行控制的调节回路。
（4）用以反映一、二次设备运行状态、异常及故障情况的信号回路。
（5）用以供二次设备工作的电源系统等。
二次回路如图 13-1～图 13-3 所示。

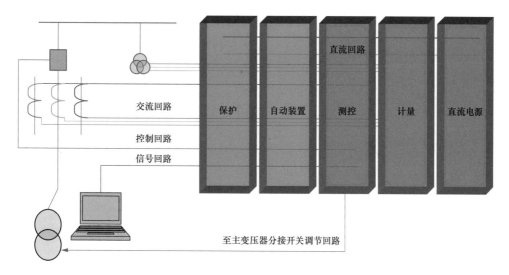

图 13-1　主变压器二次回路简图

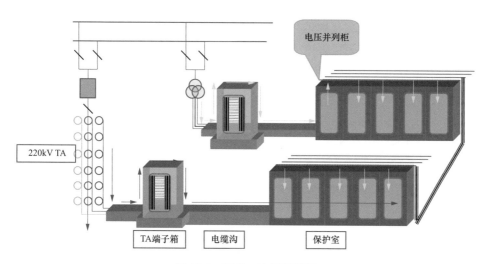

图 13-2　开关二次回路简图

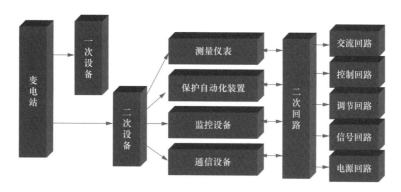

图 13-3　一、二次回路简图

第二节　TA、TV 的作用和参数

1. TA、TV 的作用

（1）将一次系统的电流（电压）信息准确传递到二次侧相关设备。

（2）将一次系统的大电流（电压）变换为二次侧的小电流（电压），使得测量、计量仪表和继电保护等装置标准化、小型化，并降低了对二次设备绝缘的要求。

（3）将二次设备及二次系统与一次系统高压设备在电气方面很好的隔离，从而保证了二次设备和人身的安全。

2. 相关参数

（1）一次参数包括额定电流和额定电压。

电流可以满足最大负荷及预期负荷增长时仍满足运行要求。满足 10％误差曲线。

10％误差曲线指按照实际二次负载大小及系统可能出现的最大短路电流，二次误差不大于 10％。

电压可以满足一次电压长期运行条件，并满足各种过电压条件（雷击过电压、操作过电压、故障及异常情况下的过电压）。

（2）二次参数（见图 13-4 和图 13-5）。

型号：LB6-110W2
L:电流互感器　B:带保护级　6:设计序号
110:额定电压　　W2:结构代号
变比：1、2、3绕组:2×600/5
4、5绕组：复变比：300/5　600/5 1200/5
准确级：1、2、3绕组:5P20
4绕组：0.5级 4绕组：0.2级

图 13-4　TA 铭牌

型号：TYD 220/√3-0.01H
T:成套 Y:电容式 D:单相式
220/√3:额定相电压　　0.01H:电容量
变比：1a、2a绕组:100/√3
da绕组：100
准确级：1a:0.2级 2a：0.5级 da:3P级

图 13-5　TV 铭牌

变比是一次电流（电压）与二次侧电流（电压）的比值，是继电保护整定计算及计量专业的重要参数。

准确度级要按照计量、测量类和保护类两类讨论，计量测量类需要运行时精确测量，满足正常负荷下测量要求，保护类在故障态时进行保护，满足极限情况下的要求：

1）计量、测量准确等级。0.1、0.2、0.5 等，表示相对误差为 0.1％、0.2％、0.5％，一般运行在额定负荷内，即使经过补偿也不应超过 120％负荷，否则精度不满足要求，容易饱和。

2）保护准确等级。一般采用"∗P∗"的方式表示，例如，5P40，表示 40 倍额定电流下误差是 5％。保护级虽然精度不如计量测量级，但具有很强的抗饱和能力。

所以 TA 的绕组不能使用错误，否则容易出现饱和现象，对于继电保护部分将出现误动或拒动（因检测差流过大，纵差保护容易误动；后备保护由于采集数值过小又会出现拒动的情况）。

第三节　TA、TV 在二次回路的标号原则

（1）交流回路按相别顺序标号，除用 3 位数字外，还加以文字标号以示区别，如 A411、B411、C411、N411。

（2）对于不同用途的交流回路，使用不同的数字组，见表 13-2。

表 13-2　　　　　　　　　交 流 回 路 的 用 途

回路类别	电流回路	电压回路
标号范围	400～599	600～799

（3）回路每经过一个元件，标号应加 1。

（4）对于特殊用途的交流回路，可以使用特殊标号，如图 13-6 所示。如母差保护电流回路可以使用 320 标号。

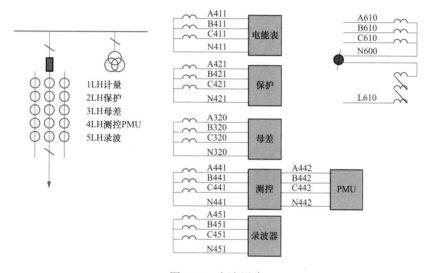

图 13-6　交流回路

第四节　TA、TV 二次绕组的使用原则

（1）选用合适的准确度级。

1）对于计量回路应选用精度较高的 0.2S 或 0.5S 级，因为这两个级别的绕组在 1%～120% 的负荷范围能够满足准确度要求，如图 13-7 所示。

2）而对于保护使用的绕组一般准确度要求不是很高，除满足额定电流下不超过规定值，要求在较大短路电流下有较好的传变性，保证误差不超过规定值，如图 13-8 所示。

3）同理，对于电压互感器的使用与电流互感器也相同。

（2）线路保护应尽可能用靠近母线的电流互感器一组二次绕组。

（3）母差保护保护范围应尽量避开电流互感器的底部。

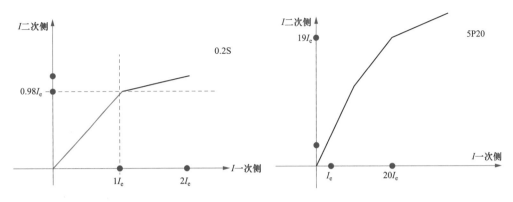

图 13-7   计量用绕组电流误差曲线   图 13-8   保护用绕组电流误差曲线

（4）严禁电流互感器二次侧绕组开路，电压互感器二次侧绕组短路。使用复变比（多抽头）的绕组时，严禁将不用的抽头短路，如图 13-9 所示。

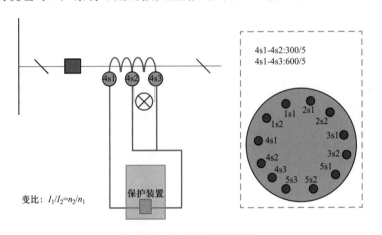

图 13-9   电流互感器的接法

（5）具有小瓷套管的一次端子应放在母线侧，如图 13-10 所示。

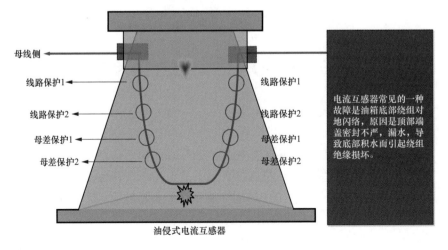

图 13-10   电流互感器内部故障

　　电流互感器装小瓷套的 L1 端放在母线侧，是考虑当大瓷套对地闪络放电，引起的单相接地故障，不致成为母线侧故障。母线侧有小瓷套，故障会移到 L2 端的线路侧，如图 13-11 所示（认为线路故障而不是母线故障，切除元件少，影响小）。

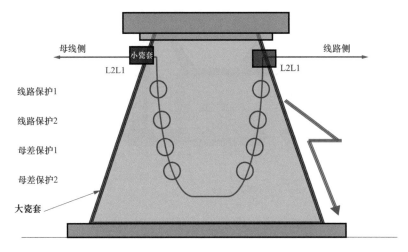

图 13-11　电流互感器的大瓷套闪络放电

第五节　TA、TV 二次绕组的接线方式及相量分析

一、电流互感器极性

　　一次极性：P1（L1）、P2（L2），P1（L1）为极性端，P2（L2）为非极性端，一般设计 P1（L1）装于母线侧，P2（L2）装于负荷侧。

　　二次极性：S1（K1）、S2（K2），S1（K1）为极性端，S2（K2）为非极性端，二次可以有抽头，S1（K1）为极性端，其他为非极性端。

　　采用减极性：一次电流从极性端流入，二次侧从极性端流出。

　　电流互感器极性分析如图 13-12 所示。

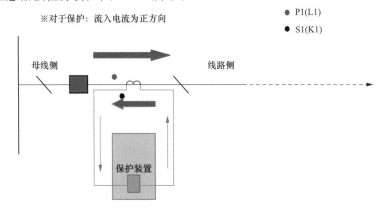

图 13-12　电流互感器极性分析

二、单相接线方式（见图 13-13）

特点：接线简单。

适用：主变压器消弧线圈、中性点及小电流接地系统中的零序回路。

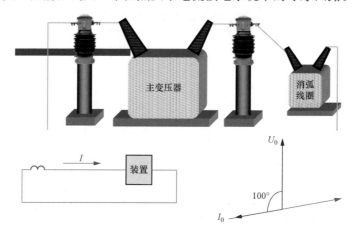

图 13-13　主变压器消弧线圈、中性点及小电流接地系统中的零序回路

对于零序功率方向保护，应注意 TA 极性。

三、两相星形接线方式（见图 13－14）

特点：经济，能够反映任何相间故障。

适用：小电流接地系统的保护和计量回路。

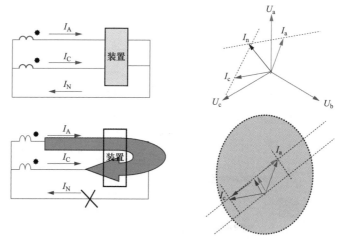

图 13-14　两相星形接线方式

应注意的是，两相星形接线方式不允许 N 回路断开。

四、三相星形接线方式（见图 13-15）

特点：能够反映任何单相、相间故障。

适用：大电流接地系统的保护和计量回路。

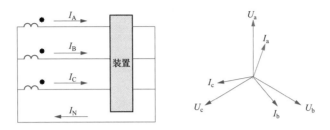

图 13-15　三相星形接线方式

五、主变压器差动接线方式

主变压器差动接线方式如图 13-16 所示。

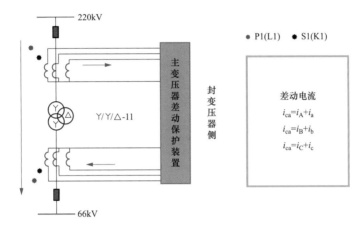

图 13-16　主变压器差动接线方式

差动电流回路接线图如图 13-17 所示。

主变压器正常运动或区外故障时电流相量关系如图 13-18 所示。

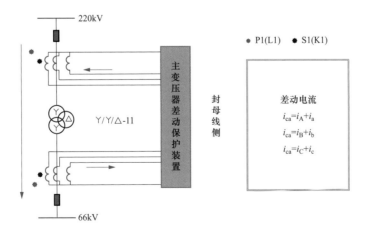

图 13-17　差动电流回路接线图

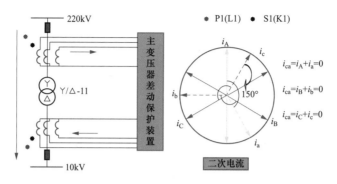

图 13-18　主变压器正常运行或区外故障时电流相量关系

差动电流为 2 倍短路电流时，差动保护动作。

主变压器差动范围内故障时电流相量关系如图 13-19 所示。

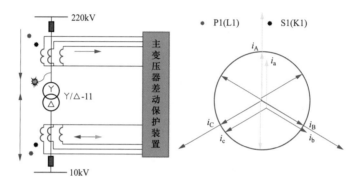

图 13-19　主变压器差动范围内故障时电流相量关系

六、主变压器内桥接线方式

主变压器内桥接线方式如图 13-20 所示。

内桥电流互感器切换回路如图 13-21 所示。

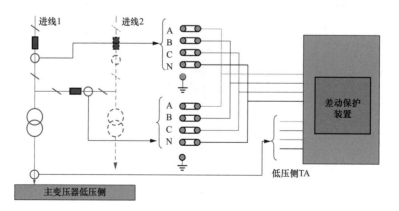

图 13-20　主变压器内桥接线方式

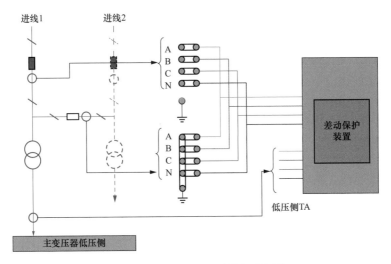

图 13-21 内桥电流互感器切换回路

七、旁路 TA 接线方式

旁路 TA 接线方式如图 13-22 所示。

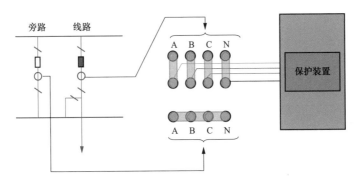

图 13-22 旁路 TA 接线方式

旁路电流互感器切换回路如图 13-23 所示。

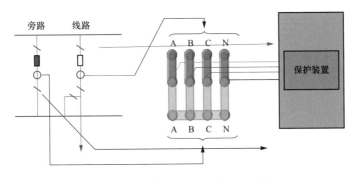

图 13-23 旁路电流互感器切换回路

八、TV 二次绕组的接线及并列回路分析

TV 二次绕组的接线及并列回路分析如图 13-24 和图 13-25 所示。

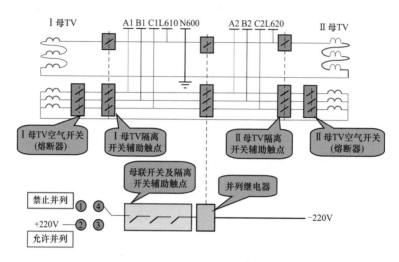

图 13-24   TV 二次绕组的接线及并列回路

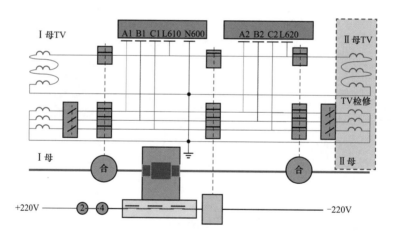

图 13-25   TV 二次绕组的并列

第十四章　变电站站用电交流系统

变电站的站用电系统是保证变电站安全可靠地输送电能的一个必不可少的环节。站用电源的接线通常采用单母线分段方式。站用电主要为变电站内的一、二次设备提供电源,包括:

(1) 大型变压器的强迫油循环冷却器系统。

(2) 交流操作电源。

(3) 直流系统用交流电源。

(4) 设备用加热、驱潮、照明等交流电源。

(5) 为 UPS、SF_6 气体监测装置提供交流电源。

(6) 正常及事故用排风扇电源。

(7) 照明等生活电源。

目前的变电站一般都有两个电源系统,即每个变电站都配备两台站用变压器。单台主变压器的变电站,一台站用变压器的电源取自本站主变压器低压侧母线,另外一台站用变压器的电源取自变电站周边由其他变电站供电的配电网 10kV（或 35kV）线路。

第一节　变电站用交流系统的组成

一、站用变压器

(1) 油浸式站用变压器。油浸式站用变压器为三相一体式,一般为自然油循环冷却。容量较大的装设在专用的站用变压器室内;容量较小的直接装设在高压室的馈线间隔内。油浸式站用变压器一般分为有载调压和无载调压两种。

(2) 干式站用变压器。干式站用变压器一般装设在 10kV（35kV）高压室内,有的容量小的直接装设在高压室的馈线间隔内。分为自然冷却和安装冷却风机加强冷却两种。干式站用变压器的档位调节均为无载调节。

二、交流电源屏

220kV 变电站交流电源屏包括进线电源屏、分段（馈线）屏、馈线屏。110kV 及以下变电站交流电源屏一般情况下只采用一块交流电源屏,包括站用电进线电源、馈线等。

三、馈线及用电元件

1. 第一类

(1) 直流系统用交流电源。

（2）交流操作电源（包括电动隔离开关操作用交流电源等）。

（3）主变压器强迫油循环风冷系统用交流电源。

（4）UPS逆变电源用交流电源。

2. 第二类

（1）主变压器有载调压装置用交流电源。

（2）设备加热、驱潮、照明用交流电源。

（3）检修电源箱、试验电源屏用交流电源。

3. 第三类

（1）SF_6监测装置用交流电源。

（2）配电室正常及事故排风扇电源。

（3）生活、照明等交流电源。

第二节　站用电系统常用接线

一、接线方式一

站用电系统一般采用单母线分段接线，一、二段母线分列运行，分段开关热备用状态，站用变压器一般从主变压器低压侧分别引出，两台容量相同，单台容量满足带全站的低压负荷的要求。站用电接线方式一如图14-1所示。目前大部分变电站采用这种接线方式。

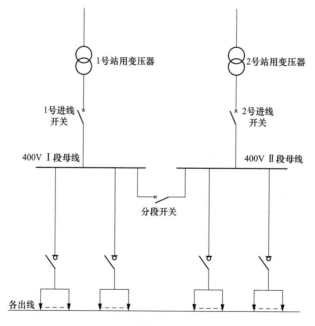

图 14-1　站用电接线方式一

分列运行的好处：

（1）故障限制在分段母线上，限制了停电范围，提高供电可靠性。

（2）分列运行时，短路电流会小些，在低压侧可以选择轻型电器。

（3）两台站用变压器若并列运行，当一段母线短路或者馈线出口故障而越级跳闸，可能引起两台站用变压器同时停电的站用电全停事故。

并列的危害：

（1）站用变压器低压侧原则上不能并列，如果不慎并列，可能造成事故或不正常工作状态。

（2）如果站用变压器接线组别不同，则并列后在 30°相位差的电压下，产生很大的不平衡电流，将可能引起故障。

（3）若站用变压器接线组别相同，阻抗百分数不同，则并列后会产生环流，使站用变压器出力降低，严重时可能造成变压器发热及并列开关或低压开关跳闸。

（4）对于接自外来电源的站用变压器，虽然接线组别等与站用变压器一样，但外来电源可能与本站电源相位不同，所以如果并列也会发生事故。

（5）所以倒站变压器一般采用先拉后合的，即母线瞬时停电的方法。

二、接线方式二

接线方式二是两台站用变压器一台工作、一台热备用的方式，在极少数变电站采用，但供电不可靠，其站用电全停事故率远高于两台站用变压器分列运行方式，工作母线上开关跳闸，热备用开关自投或者手动合到故障点，影响站用电系统的安全运行，如图 14-2 所示。

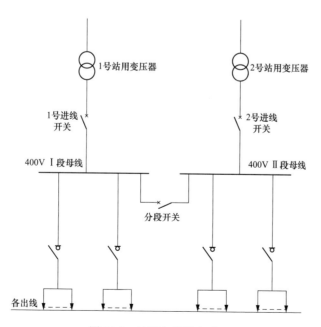

图 14-2　站用电接线方式二

站用电二次控制原理图如图 14-3 所示。1A、1B、1C 为 1 号站用变压器低压进线端，1RD 为 1 号站用变压器低压熔断器，2A、2B、2C 为 2 号站用变压器低压进线端，2RD 为 2 号站用变压器低压熔断器，3RD 、4RD 是自动装置两侧的熔丝。自动装置两边反映 1、2 号站用变压器电路故障（过载、短路）和电源故障（过压、失压、缺相）的电压继电器和中间继电器（图中未画）。1DW、1DK 分别是 1 号站用变压器低压接触器和低压隔离开关，2DW、2DK 是 2 号站用变压器低压接触器和低压隔离开关，3DW、3DK 分别是分段低压接触器和低压隔离开关。

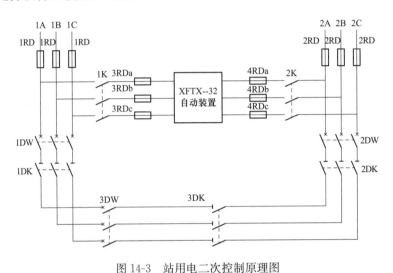

图 14-3   站用电二次控制原理图

注：1K、2K 为自动装置及母联柜屏控制回路电源开关。

1K 和 2K 分别为一路控制电源和二路控制电源，是自投装置及分段屏柜控制回路电源开关，正常时两只三相空气开关应合上。

自投装置实现原理：当 1 号站用变压器供全站站用电负荷、2 号站用变压器空载（作备用所用电源）时，1DW、1DK、3DW、3DK、2DK、1K、2K 均合上，若此时 1 号站用变压器失去电源，1 号站用变压器低压电缆进线 1A、1B、1C 也就无电压，1K 控制电源在合位，1 号站用变压器低压侧接于自动装置的电压继电器和中间继电器会启动，将逻辑量给自动装置，自动装置通过接于自动装置 2 号站用变压器低压侧电压继电器和中间继电器的提供的信息，在鉴定 2 号站用变压器低压侧有电压后，自动装置先跳开 1DW，再合上 2DW，恢复站用电供电。

站用电屏进线开关和分段开关一般装有防止站用变压器并列的操作闭锁接线，即两个进线开关在合闸位置时联络开关不应合入，任一进线开关和联络开关在合闸位置时另一进线开关也不应合入。

三、接线方式三

接线方式三是通过母联自动切换装置（ATS）程序控制的接线方式。ATS 装置的主要部件由 PLC（可编程逻辑控制器）来担任。采用这种接线方式，正常运行时 1 号站用变压器带所有负荷，2 号站用变压器备用，如图 14-4 所示。

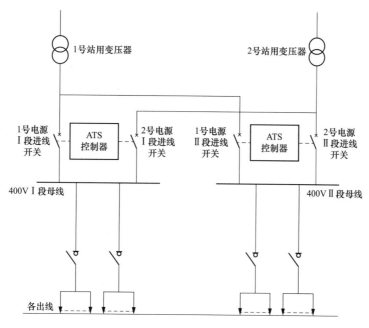

图 14-4　站用电接线方式三

第十五章   高频模块（新力）直流系统

第一节   微机保护对直流系统的基本要求

交流转变直流如图 15-1 所示。

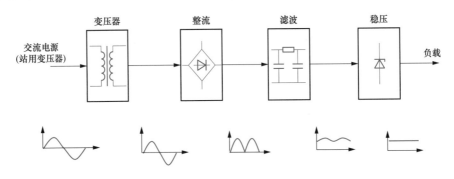

图 15-1   交流转变直流

微机保护对直流系统的基本要求如下：

（1）额定电压：220V、110V。

（2）允许偏差：$-20\%\sim+10\%$。

（3）纹波系数不大于 5%。

直流电源柜如图 15-2、图 15-3 和表 15-1 所示。可根据需要用手触摸屏幕选择相应的功能进行查看，如要参数设置，需输入口令。如要手动切换，进入此模块，按插入就会切换至所需的运行状态。

图 15-2   直流电源柜（一）

图 15-3　直流电源柜（二）

表 15-1　　　　　　　　　　微机控制高频开关直流电源柜

名称	微机控制高频开关直流电源柜
型号	GZDW42-300AH×2/220M
交流输入电压	380V±15％
标称电压	220V
额定电流	20A
蓄电池容量	300Ah
数量及屏名	共4个柜，包含2个控制柜和2个馈线柜
冷却方式	智能风冷

　　进入此显示屏幕时，如要返回主菜单，用手触摸1号直流电源系统，便会返回，如图 15-4 所示。正常时，浮充与均充装置是自动切换。如要知道是浮充还是均充，此处便可查询。

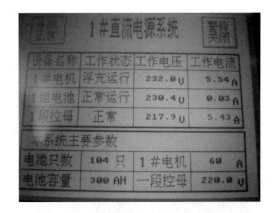

图 15-4   系统主菜单屏

第二节   新力直流系统的构成

新力直流系统的构成如图 15-5 所示。

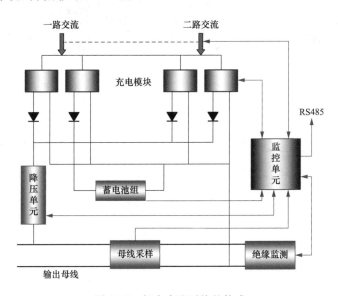

图 15-5   新力直流系统的构成

新力直流电源系统的主要特点有：

（1）采用高频开关电源特有的模块化设计，电源模块 $N+1$ 余备份，任一模块出现故障，不影响系统工作。实现了自动均流、故障隔离、远端限流、远程测控。

（2）监控机采用 S7200 型 PLC 作为控制核心，对直流系统中充电机及蓄电池组的运行实现了自动管理；人机界面提供了丰富的操作和显示功能及防误操作功能，并有历史记录查询功能，参数和运行方式的设置十分直观方便；具有多种故障检测、报警功能。

新力直流电源系统如图 15-6 所示。

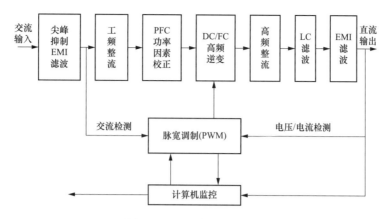

图 15-6　新力直流电源系统

从图 15-6 可以看出，三相交流电源输入时，首先进入尖峰抑制 EMI 滤波电流，之后由全桥整流电路将三相交流电变成直流电，经过 PFC 功率因素校正和 DC/FC 高频全桥逆变高频整流。再整流为可脉宽调制的高频脉冲电压，经过滤波，输出非常稳定的直流电压和电流。

EMI 即所谓的电磁干扰，是因电磁波造成设备、传输通道或系统性能降低的一种电磁现象，EMI 通过辐射和传导两种方式传播。目前抑制 EMI 的技术措施有屏蔽、接地（浮地单点接地和接地网）与滤波。

PWM 控制电路即脉冲宽度调制技术，其特点是频率高、效率高、功率密度高、可靠性高。这里采用的是电压电流双环控制，以方便实现对电压的调整和输出电流的限制。

在充电机电源模块上，采用模块化设计，$N+1$ 热备，可平滑扩容；有可靠的防雷和电气绝缘措施，选配的绝缘监测装置能够实时监测系统绝缘情况；可通过监控模块进行系统各个部分的参数设置；监控系统配有标准 RS-232 接口，方便接入自动化系统。

GZDW42 型直流电源柜（见图 15-7）工作方式为：

（1）两路交流电源输入，每路交流电源各引入一组充电装置，每组充电装置分别与一组蓄电池组成独立的直流系统，以并列方式运行，两组直流系统可实现互为备用，系统的直流母线为双母线方式并列运行。

（2）直流电源柜一、二顶部都安装风扇，风扇起动控制是智能型。

正常运行方式：直流系统正常运行在浮充电状态，控制母线电压保持在 220V±5%，由整流模块通过自动调压装置（降压硅链）供电，合闸母线电压保持在蓄电池组的浮充电压（取 2.25V），有大电流合闸操作时，整流模块提供 110%～130% Ie（Ie 为整流模块的额定输出电流），其余电流由蓄电池提供，如图 15-7 所示。

分流器：是一个电阻值很小的高精度的线性电阻（电阻值小，不至于产生较大压降），大电流流过时，其两端会产生很小的电压值，通过测量这个电压值换算成相应的电流值，从而测量励磁回路的大电流，在直流大电流回路里都采用这种方式测量。

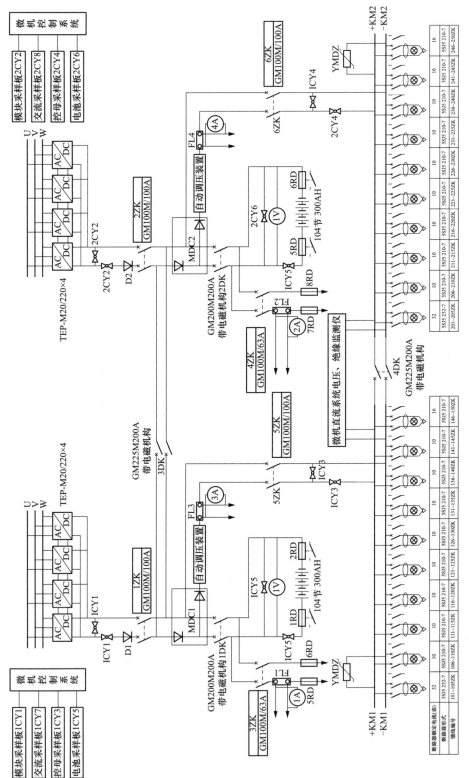

图15-7 GZDW42型直流电源柜

压敏电阻：是对电压很敏感的一个电阻，平常的时候相当于断路状态，当电压大于压敏电阻的电压时，压敏电阻相当于导通状态，起到保护的作用，压敏电阻就相当于避雷器。低电压时呈高阻态，高电压时呈低阻态。压敏电阻电压低时呈高阻态，电压高时呈低阻态。起限压和吸收能量的作用。

撞击器：在直流屏中蓄电池出口的均安装了撞击器，原来变电站的蓄电池均蓄电池室，直流屏和蓄电池组均为电缆连接，电缆一般为 $\phi15$ 的电缆，为防止小动物咬破电缆导致直流短路，直流短路造成蓄电池出口熔丝熔断，这时候熔丝旁边的撞击器内线圈通电顶开，于是信号回来接通。通过远动系统传入后台，以前变电站熔丝熔断，显示其是与熔体并联的康铜熔断丝，当熔体熔断后立即烧断，弹出红色醒目的标识，表明熔断信号，因此很容易识别熔丝熔断，撞击器就是从而演变的。

硅链：由于合母电压和蓄电池组的电压均在 230V，而保护装置需要的是 220V 的电压，且又要保证在 220V 左右，于是就形成了自动降压仪，即硅链。硅链由若干个降压二极管串联，当输入的电压为 230V 左右时，程序会判定应当有几只降压二极管接入回路中，通过继电器吸合来接入或短接二极管，每只二极管约 1.5V 的电压。如 230V 的电压，程序判定要降 6V，就需要有 4 只二极管投入进去。

整个系统 PLC 逻辑切换如下：

（1）拉开 1ZK（2ZK）正常时，3DK 自动合上。

（2）拉开 5ZK（6ZK）正常时，4DK 自动合上。

（3）正常运行时 I（II）段母线失电，自动合上 4DK。

（4）合上 3ZK（4ZK）时，1DK（2DK）自动断开，3DK 自动合上。

直流系统的绝缘如图 15-8 所示。

直流系统一极接地的危害：从理论上讲当直流系统的一极接地时，并不影响系统的正常运行，但潜在危险性很大，一旦出现另一极或同一级的另一点也发生接地时，可能造成信号装置误动，或继电保护和断路器的误动或拒动，直流熔丝熔断和烧坏继电器。因此，当直流系统发生接地后时，值班员应迅速寻找接地点，防止发展成两点接地故障。

直流母线上配备的绝缘监测装置，就是用于检查直流系统对地绝缘的状况：

（1）因双电双充直流系统共用一台绝缘监测仪，此装置设置为"二母"，I 段与 II 段电压分别在 1 号、2 号直流控母上采集。

（2）绝缘电阻正常设定为 $100k\Omega$，其接地报警启动电阻值为 $35k\Omega$。

（3）过电压报警值为 242V，欠电压报警值为 198V。

（4）过电压与欠电压故障时报警延时时间设置为 10s。

（5）低频电压设置为 6.0V。

（6）控制①值设置为 0.6，控制②值设置为 6.6。

（7）绝缘检测设置为"退出"。

（8）检测时间设置为 600s。

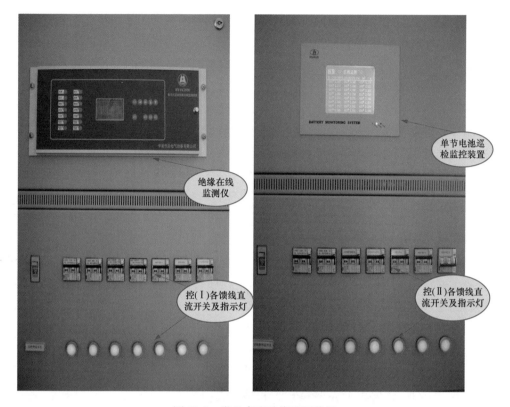

图 15-8　微机直流绝缘监测装置

日常巡视使用时注意事项如下：

（1）日常巡视时需要检查绝缘监测仪上电源与运行灯亮，如不亮应及时汇报调度，等待继保人员查明原因。

（2）检查有无其他灯亮，如有应仔细核对所发信号是否正确，是否误发或是装置故障，无论任何原因，都应及时汇报调度，等待处理。

（3）按"菜单"进入，能查看所有记录，如接地、报警、绝缘等。此监测仪能自动进行常规监视，自动查找接地回路，进行数码显示及音响报警。

（4）绝缘正常时，其"正对地"和"负对地"的绝对值之和，应稍小于直流母线电压。

（5）进入电压校对能查看①、②段正、负对地电压值正常为±110V，一般"正对地"与"负对地"电压差绝对值超过 40V，就算是直流接地。

正常情况下发现蓄电池浮充电压不正常或单只电池普遍较低，处理措施如下：

（1）蓄电池浮充电压不正常，用万用表量取电池总熔丝 1RD 和 2RD 上下端头，若电压在 229V 左右，则判断采样板 1CY5 出现问题。

（2）单节电池电压偏低，用万用表量取电池总熔丝 1RD 和 2RD 上下端头，若电压不正常，则判断充电模块输出电压不正确或前面相关回路有问题，检查相关回路。

显示 1 号充电模块输出异常，处理措施如下：

（1）用万用表测量 1 号充电模块输出空气开关 1ZK 上端头，检查直流电压是否在

229V 左右，若电压正常，则判断采样板 1CY1 出现问题。

（2）若直流电压为零或偏差较大，检查采样板 1CY1 接线是否松动、有无焦味，若没有则判断 1 号充电模块出现问题，拉开 1 号充电模块交流电源空气关开 1ZKK 和 1ZK，检查合母联络接触器 3DK，若没有，则手动合上。

控母电压异常，处理措施如下：

（1）用万用表测量 5ZK 输出空气开关上端头，检查直流电压是否在 220V 左右，若电压正常，则判断采样板 1CY3 出现问题。

（2）若直流电压为零或偏差较大，检查分流器和 PLC 以及采样板 1CY3 接线是否松动、有无焦味，若没有则判断 1 号充电模块相关回路出现问题，则手动合上 4DK。

第十六章　电力调度数据网及二次安全防护

第一节　调度数据网承载的业务

实时控制区的业务：EMS/SCADA 调度自动化系统信息 Tase.2 协议传输、变电站综自系统信息 104 规约传输、发电厂 RTU 通过 Terminal Server 串口/网口转换的网络信号传输以及华东电网 WAMS 系统 PMU 设备的网络信号传输。

非控制生产区的业务：省电网电能量计量系统、地区电网电能量计量系统、电网保护故障信息远传系统、电网保护在线信息管理系统、电网保护行波测距系统、电网电力市场技术支持系统、发电厂机组检修工作票申报系统等的信息传输。

不同类型的数据应用对网络的安全和可靠性有不同的特殊要求，如调度实时业务是对服务质量有特殊要求。而电量计费信息则是对数据的私密性有较高要求，应与其他数据隔离，以达到在整个数据网络中传输数据就像在专用的网络中传输数据一样。

第二节　调度数据网骨干

调度数据网在省公司及各地市公司均部署了双核心路由器，如图 16-1 所示。网络

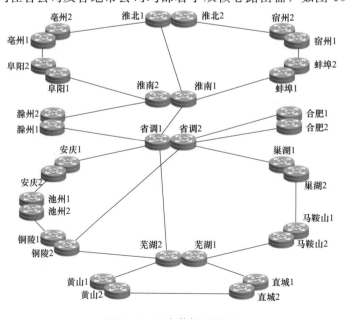

图 16-1　调度数据网骨干

拓扑为环状加部分网状结构，骨干带宽已经从 2M 升级至 10M。

1. VPN 虚拟专用网络

VPN 是指在公共网上构造的专用网络，即利用共享的通信基础设施，采用加密认证技术来传送私有信息，在相互通信的节点建立起的一个相对封闭的、逻辑上专用的网络。

2. 传统的 VPN 技术

隧道技术是实现 VPN 的核心技术，传统 VPN 隧道技术主要是对用户信息的封装、信息加密以及用户认证等处理，来保证网络的私密性，如图 16-2 所示。隧道封装协议主要有 IPSec、GRE 等，传统的 VPN 技术不适合大规模部署。

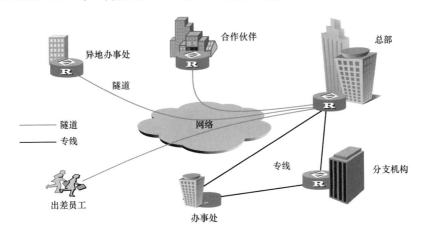

图 16-2　传统的 VPN 技术

3. MPLS VPN

MPLS VPN 由于采用了路由隔离、地址隔离和信息隐藏等多种手段，提供与传统 VPN 相类似的安全保证，如图 16-3 所示。

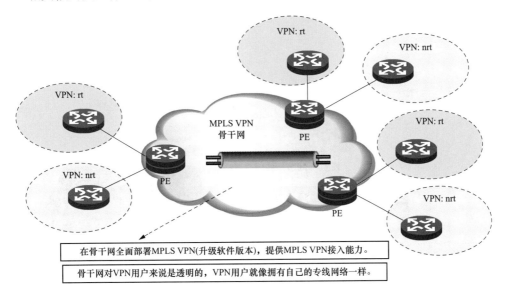

图 16-3　MPLS VPN

MPLS VPN 具有网络部署灵活简便、一次性投资较小、管理和维护成本低的优势，一般部署于运营商网络或大中型企业（如电信、电力）。MPLS VPN 可以简单地理解为在运营商的公共网络上动态建立和维护 VPN 隧道的一种 VPN 技术（调度数据网就可以称之为"运营商"的网络）。

4. 省调或地调网络结构

VRRP 虚拟路由器冗余（虚拟网关 IP 地址、MAC 地址）如图 16-4 所示。

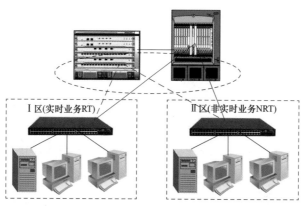

图 16-4　省调或地调网络结构

地区调度数据网是网络拓扑为环状加部分网状结构，带宽为 2M。地区调度数据网作为省电力调度数据网的向下延伸，与省级电力调度数据网只是覆盖变电站的电压等级不同，在技术上和设备要求完全与省电力调度数据网相同，如图 16-5 所示。

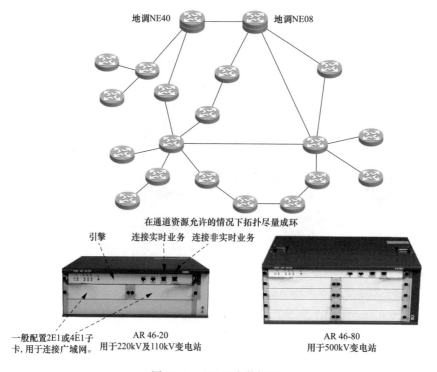

图 16-5　地区调度数据网

5. 二次安全防护适用范围

二次安全防护适用范围是电力监控系统及调度数据网，遵循电监会 5 号令《电力二次系统安全防护规定》"安全分区、网络专用、横向隔离、纵向认证" 16 字方针。

安全分区：发电企业、电网企业、供电企业内部基于计算机和网络技术的业务系统，原则上划分为生产控制大区和管理信息大区。生产控制大区可以分为控制区（安全区Ⅰ）和非控制区（安全区Ⅱ）；管理信息大区内部在不影响生产控制大区安全的前提下，可以根据各企业不同安全要求划分安全区。

网络专用：电力调度数据网应当在专用通道上使用独立的网络设备组网，在物理层面上实现与电力企业其他数据网及外部公共信息网的安全隔离。电力调度数据网划分为逻辑隔离的实时子网和非实时子网，分别连接控制区和非控制区。

横向隔离：在生产控制大区与管理信息大区之间必须设置经国家指定部门检测认证的电力专用横向单向安全隔离装置；生产控制大区内部的安全区之间应当采用具有访问控制功能的设备、防火墙或者相当功能的设施，实现逻辑隔离。

纵向认证：在生产控制大区与广域网的纵向交接处应当设置经过国家指定部门检测认证的电力专用纵向加密认证装置或者加密认证网关及相应设施。

在电力二次系统中的配置如图 16-6 所示。

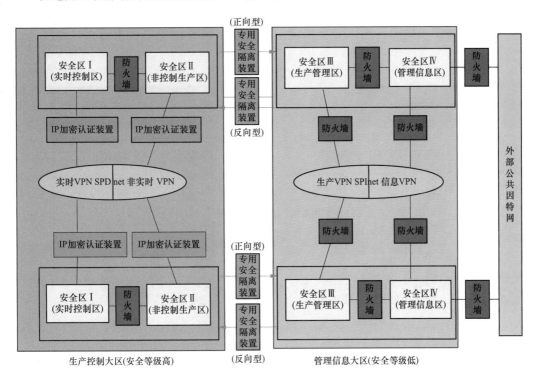

图 16-6　电力二次系统中的配置

SPDnet—电力调度数据网；SPInet—电力数据网或发电数据网

6. 加密认证网关

加密认证网关用于安全区Ⅰ的广域网边界防护，加密网关的部署对应用完全透明。

通过加密网关的内网接口和外网接口，分别与内部
局域网和外部广域网连接，为网关机之间的广域网
通信提供具有认证、加密功能的 VPN，实现数据
传输的机密性、完整性保护，如图 16-7所示。

图 16-7　加密认证网关

7. 防火墙

防火墙用于安全区Ⅱ的广域网边界防护，防火墙工作在透明模式，对应用完全透
明。通过防火墙的内网接口和外网接口，分别与内部局域网和外部广域网连接。防火墙
上配置一些包过滤规则（仅开放与应用有关的服务端口）以及内外网访问规则，如
图 16-8所示。

图 16-8　防火墙

8. 隔离装置 （正向型）

隔离装置（正向型）用于安全区Ⅰ、Ⅱ到安全区Ⅲ的单向数据传递，如图 16-9
所示。

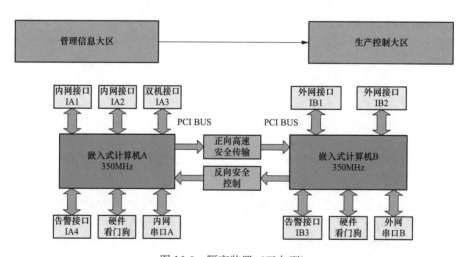

图 16-9　隔离装置（正向型）

隔离装置（正向型）实现了两个安全区之间的非网络方式的安全的数据交换。
安全区Ⅲ到安全区Ⅰ/Ⅱ的 TCP 应答禁止携带应用数据。

9. 隔离装置 （反向型）

隔离装置（反向型）用于安全区Ⅲ到安全区Ⅰ、Ⅱ的单向数据传递，如图 16-10
所示。

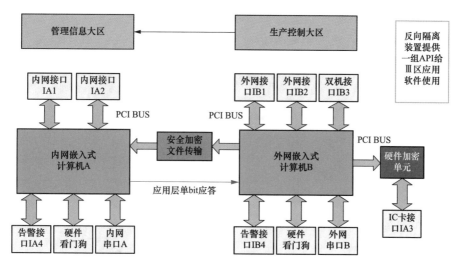

图 16-10　隔离装置（反向型）

隔离装置（反向型）实现了两个安全区之间的非网络方式的安全的数据交换。安全区Ⅰ/Ⅱ到安全区Ⅲ的 TCP 应答禁止携带应用数据，应用层单 bit 应答。

10. 二次安全防护

二次安全防护接线图如图 16-11 所示。

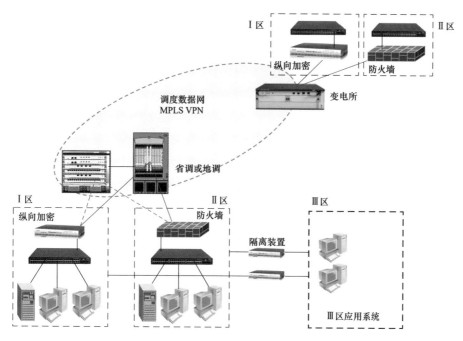

图 16-11　二次安全防护接线图

35、110、220kV 变电站二次安全防护如图 16-12 所示。

500kV 变电站二次安全防护如图 16-13 所示。

电厂二次安全防护如图 16-14 所示。

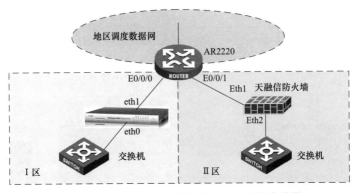

图 16-12　35、110、220kV 变电站二次安全防护

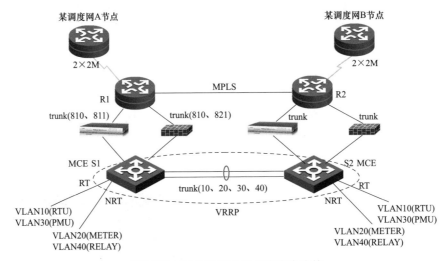

图 16-13　500kV 变电站二次安全防护

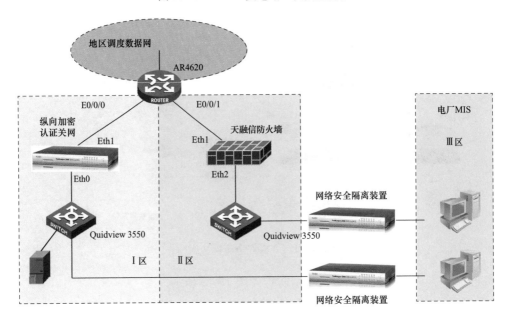

图 16-14　电厂二次安全防护

变电站数据网设备的机柜安装位置示意图如图 16-15 所示。

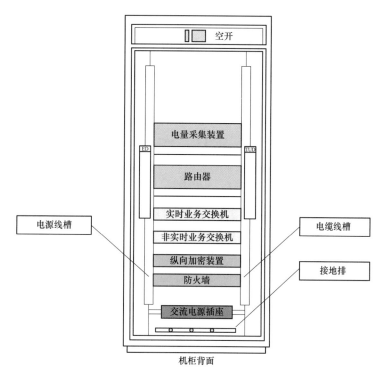

图 16-15　变电站数据网设备的机柜安装位置示意图

第十七章　故障录波器及故障波形分析

第一节　定义、作用及原理

故障录波器是一种系统正常运行时，故障录波器不动作（不录波）；当系统发生故障及振荡时，通过起动装置迅速自动起动录波，直接记录下反映到故障录波器安装处的系统故障电气量的一种自动装置。

故障录波器的作用包括以下几个方面：

（1）记录电网中各种扰动（主要是电力系统故障）发生的过程，为分析故障和检测电网运行情况提供依据。

（2）为正确分析事故原因、研究防止对策提供原始资料，如雷击、风偏。

（3）帮助查找故障点，有故障测距功能。

（4）分析评价继电保护及自动装置、高压断路器的动作情况，及时发现设备缺陷，以便消除隐患。

（5）了解电力系统运行情况，迅速处理事故。

（6）实测系统参数，研究系统振荡。

具体情况有以下几种：

（1）系统发生故障，保护动作正确，利用故障录波器记录下来的电流电压量对故障线路进行测距，同时给出能否强送的依据（如是在变压器中低压侧母线、近区）。

（2）电力系统元件发生不明原因跳闸，利用故障录波器记录下来的电流电压量判断出是否无故障跳闸。

（3）继电保护装置有不正确动作行为、继电保护装置误动造成无故障跳闸、系统有故障但保护装置拒动、系统有故障但保护动作行为不符合预先设计，利用故障录波器记录下来的保护动作事件量和开关副接点状态信息找出保护不正确动作的原因，必要时通过计算工具进行模拟计算分析。

故障录波器的基本原理如图 17-1 所示。

录波器起动方式目的：能满足各种故障情况下可靠起动故障录波器。

模拟量起动：按相设置的过电流、低电压起动；按相设置的电流突变起动、零序过流和突变起动；负序电流起动。

开关量起动：所有保护的跳闸出口信号；所有开关的副接点变位信号。

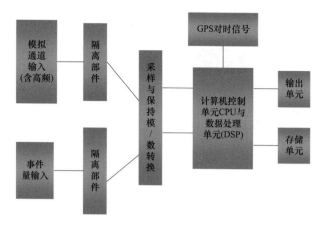

图 17-1　故障录波器的基本原理

第二节　故障录波器常用指标

1. 采样速率

采样速率的高低决定了录波器对高次谐波的记录能力，标准规定不低于 5kHz，工程中一般使用 3200Hz，即每周波采样 64 点。

2. A/D 转换器位数

A/D 转换器的位数决定了录波器记录数据的准确度。

3. 最大故障电流记录能力

录波记录时间为：

（1）故障前，稳态数据一般不小于 2 周波，高速采样。

（2）故障时，暂态数据高采样速率，记录时间 2s。

（3）故障切除后，在非全相时期，高速采样记录时间大于重合闸时间。

（4）重合成功，经预先设定的时间后停止记录。重合于故障，重新开始一个记录过程。

（5）系统振荡，长时间的完整记录，保证数据的完整性。

第三节　故 障 波 形 分 析

故障种类如图 17-2 所示，包含单相接地故障、两相短路、单项永久性故障、单相再故障、相继故障、二次回路接线错误、TA 饱和引起保护误动。

（1）故障案例一如图 17-3 所示，故障相别 B 相，故障类型是 B 相接地故障。

微机光纤差动屏动作的保护：光纤差动保护、距离一段、工频变化量距离、重合闸。

微机闭锁保护屏动作的保护：纵联距离、纵联零序方向、距离一段、工频变化量距离、重合闸动作过程：B 相单跳单重成功。

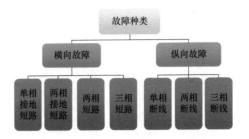

图 17-2 故障种类

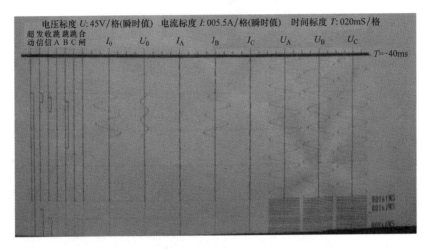

图 17-3 故障案例一

（2）故障案例二如图 17-4 所示，故障相别是 AC 相，故障类型 AC 相间短路。

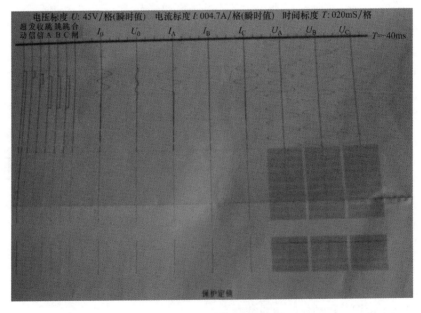

图 17-4 故障案例二

微机光纤差动屏动作的保护：光纤差动保护、距离一段、工频变化量距离。

微机闭锁保护屏动作的保护：纵联距离、距离一段、工频变化量距离。

动作过程：A、C 相故障，开关三跳，重合闸不动作。

（3）故障案例三如图 17-5 所示，故障相别是 A 相，故障类型 A 单相永久性故障。

微机方向高频屏动作的保护：工频变化量阻抗、距离一段、纵联变化量方向、纵联零序方向、重合闸；重合闸成功后动作保护：距离加速、距离一段、零序加速保护。

微机闭锁保护屏动作的保护：动作过程为 A 相单跳单重成功，重合于永久性故障，加速三跳。

（4）故障案例四如图 17-6 所示。故障相别是 B 相，故障类型 B 单相永久性故障。

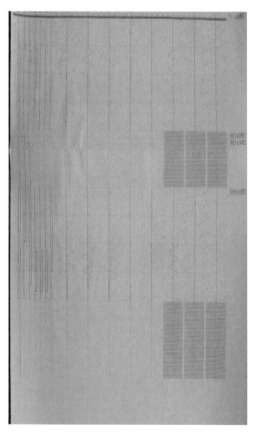 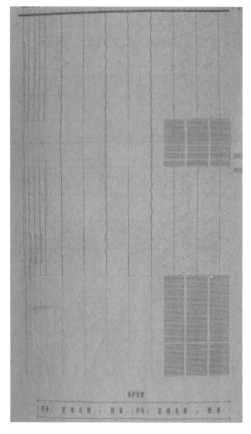

图 17-5　故障案例三　　　　　　　　　图 17-6　故障案例四

微机光纤差动屏动作的保护：光纤差动保护、重合闸；重合闸成功后动作保护：光纤差动保护。

微机闭锁保护屏动作的保护：纵联零序方向、重合闸；重合闸成功后动作保护：无保护动作。

动作过程：B 相单跳单重成功，重合于永久性故障，光纤差动保护三跳 。

从录波图看出，故障电流很小，所以工频变化量阻抗、距离保护没有动作，在重合后，由于零序加速保护动作延时是 60ms，而故障只有 40ms，所以，零序加速也不动。

（5）故障案例五如图 17-7 所示，故障相别是 C 相，故障类型单相永久性故障。

微机方向光纤屏动作的保护：工频变化量阻抗、距离一段、工频变化量方向（D++）、零序方向（O++）、重合闸；重合闸成功后动作保护：合闸与故障保护（CF1、CF2）动作。

微机闭锁保护屏动作的保护：工频变化量阻抗、距离一段、工频变化量距离（Z++）零序方向（O++）、重合闸；重合闸成功后动作保护：合闸与故障保护（CF1、CF2）动作。

CF1 是主保护加速，CF2 是后备保护加速。

动作过程：C 相单跳单重成功，重合于永久性故障，加速三跳。

（6）故障案例六如图 17-8 所示，故障相别 A 相，故障类型 A 相单跳单重，经过一短间隔后 A 相再次故障。

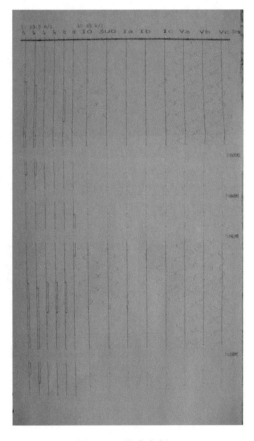

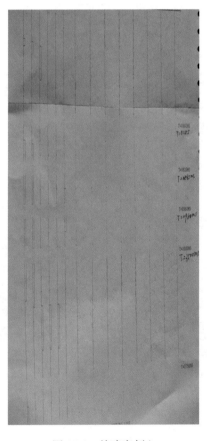

图 17-7　故障案例五　　　　　　　　　图 17-8　故障案例六

微机方向高频屏动作的保护：工频变化量阻抗（DZ）、工频变化量方向（D++）、零序方向（O++）、距离一段。A 相再次故障后动作的保护：工频变化量阻抗（DZ）、工频变化量方向（D++）、零序方向（O++）、距离一段。

微机闭锁保护屏动作的保护：工频变化量阻抗、工频变化量距离（Z++）、零序方向（O++）、距离一段。A相再次故障后动作的保护：工频变化量阻抗、工频变化量距离（Z++）、零序方向（O++）、距离一段。

动作过程：A相单跳单重成功，经 3500ms 后 A相再次故障，由于重合闸为充满电，保护直接三跳。

（7）故障案例七如图 17-9 所示，故障相别C、A相，故障类型先 C 相接地，后又 A 相的相继故障。

微机方向光纤屏动作的保护：工频变化量阻抗、距离一段、工频变化量方向（D++）、零序方向（O++），C相跳开后，经 130ms 后 A 相也发生接地故障，工频变化量阻抗（DZ）、工频变化量方向（D++）再次动作。

微机闭锁保护屏动作的保护：工频变化量阻抗、距离一段、工频变化量距离（Z++）、零序方向（O++），C相跳开后，经 130ms 后 A 相也发生接地故障，工频变化量阻抗（DZ）、工频变化量距离（Z++）再次动作。

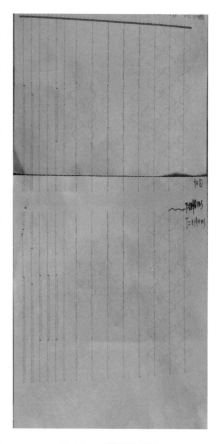

图 17-9　故障案例七

动作过程：先 C 相单跳，经 130ms 后 A、B 跳闸，重合闸未动作。

（8）故障案例八如图 17-10～图 17-12 所示。

发生了 A 相接地故障，Ⅱ母电压正常，说明Ⅱ母电压二次回路接线正确。

Ⅰ母电压有效值分别为 A216V、B221V、C200V，且相位相同，说明开口三角电压串入 A、B、C 三相相电压。

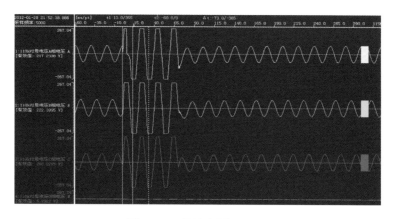

图 17-10　故障案例八（一）

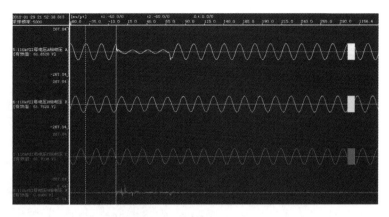

图 17-11　故障案例八（二）

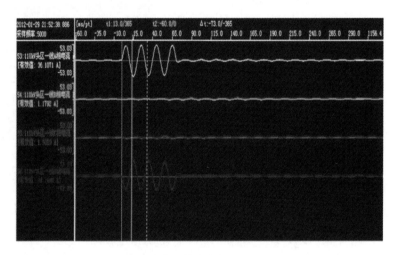

图 17-12　故障案例八（三）

原因可能是：

（1）电压二次没有接地，通过三次绕组的接地。

（2）开口三角电压极性接错。

（3）二次的 N 和三次的 L 错接在一起。

正确的二次电压接成如图 17-13 所示的接线原理。

本案例故障二次电压应接成如图 17-14 所示的接线。

根据故障录波图能够获得的信息为：

（1）发生故障的电气元件和故障类型。

（2）保护动作时间和故障切除时间。

（3）故障电流和故障电压。

（4）重合时间以及是否重合成功。

（5）详细的保护动作情况。

（6）完成附属功能（测距、阻抗轨迹、相量以及谐波分析等）。

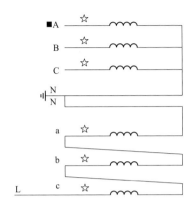

图 17-13 正确的二次电压的接线

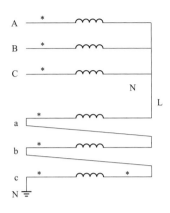

图 17-14 故障的二次电压的接线

第二篇

上机实操

第十八章 省调系统模拟接线图

省调系统模拟接线图如图 18-1～图 18-11 所示。

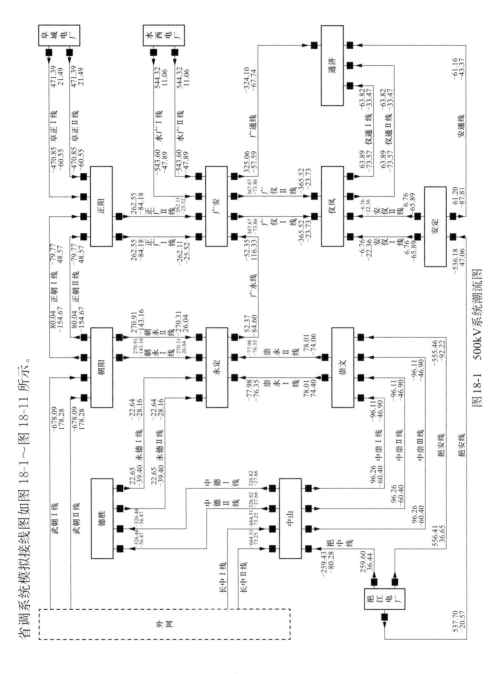

图 18-1 500kV 系统潮流图

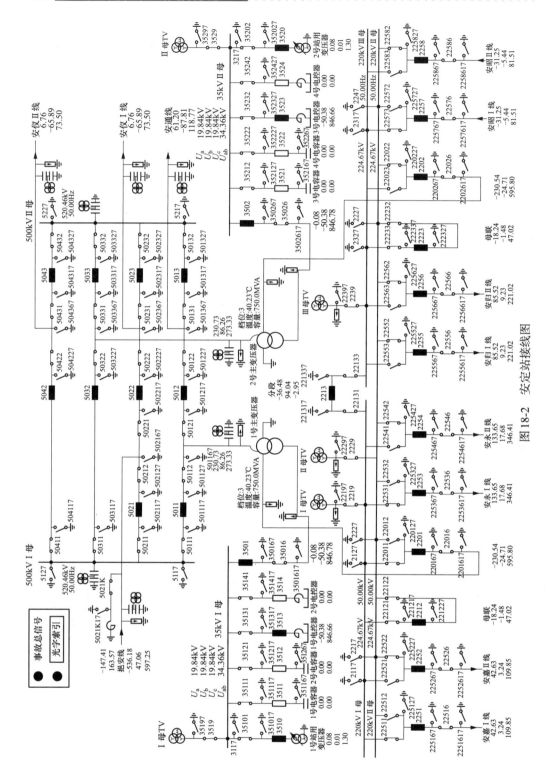

图18-2 安定站接线图

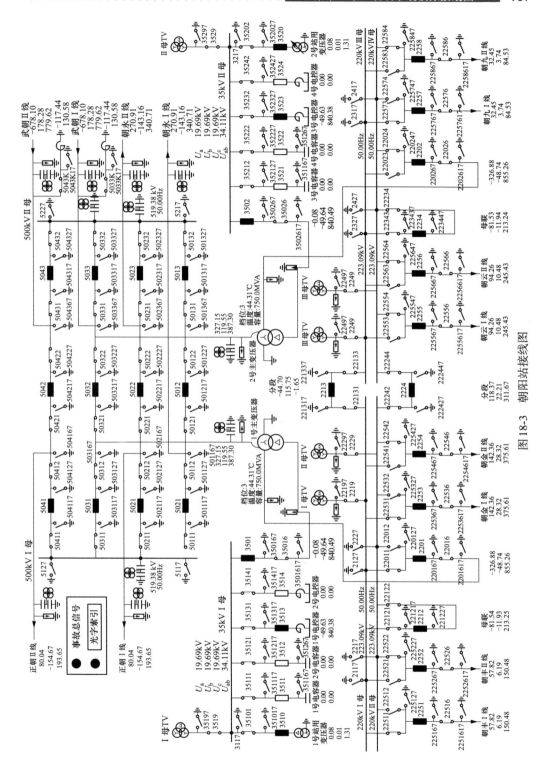

图 18-3 朝阳站接线图

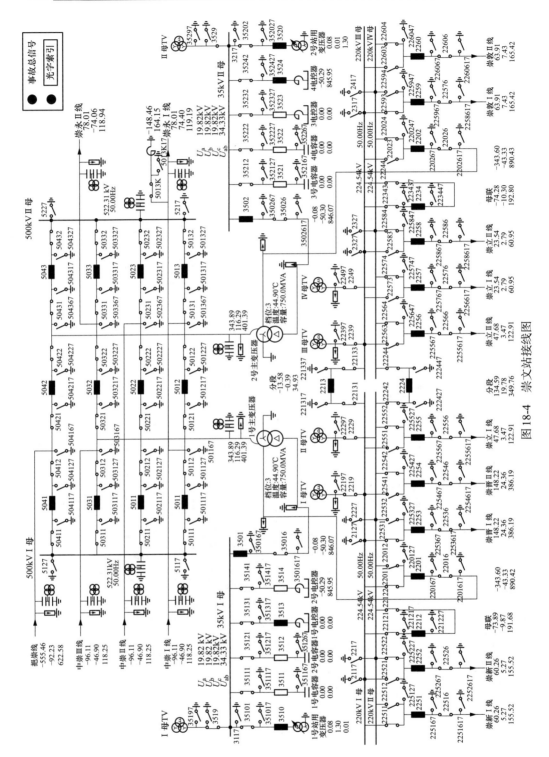

图18-4　崇文站接线图

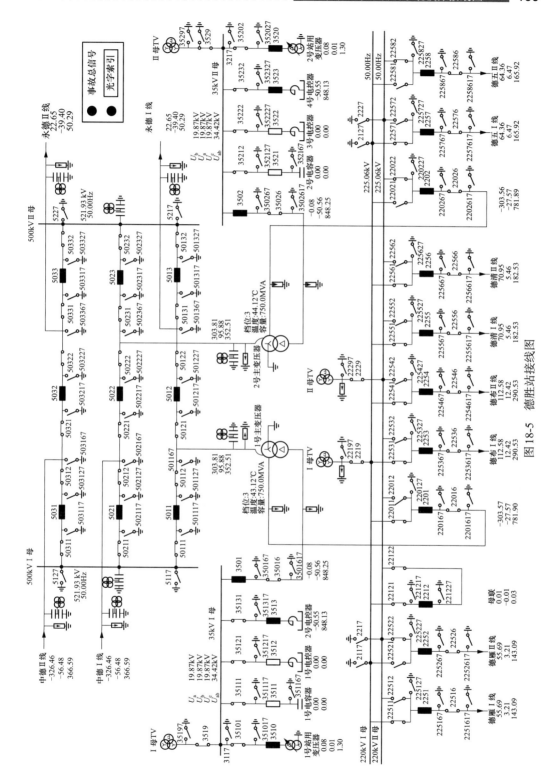

图18-5 德胜站接线图

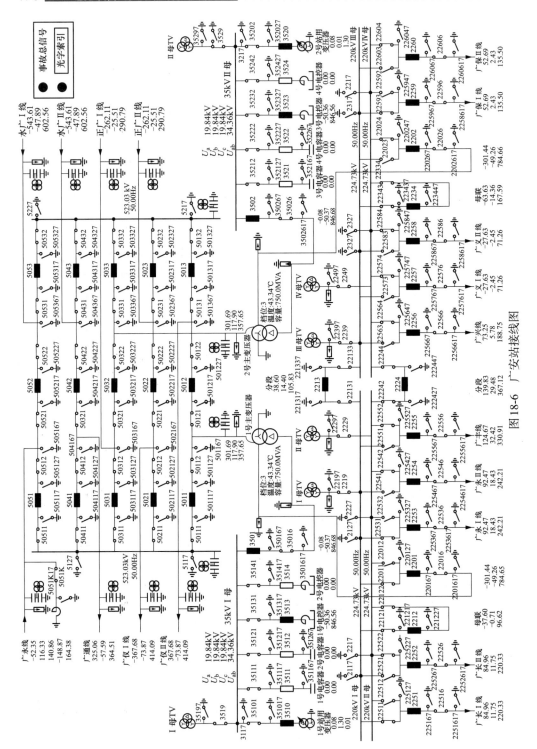

图18-6 厂′安站接线图

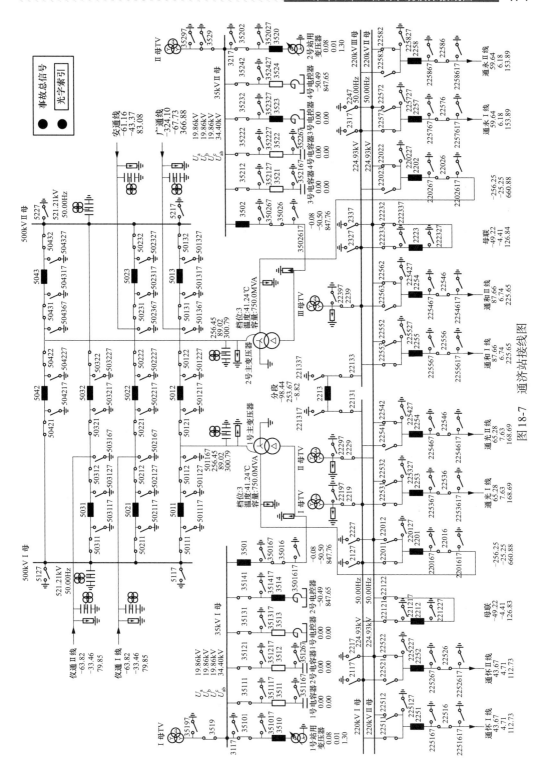

图18-7 通济站接线图

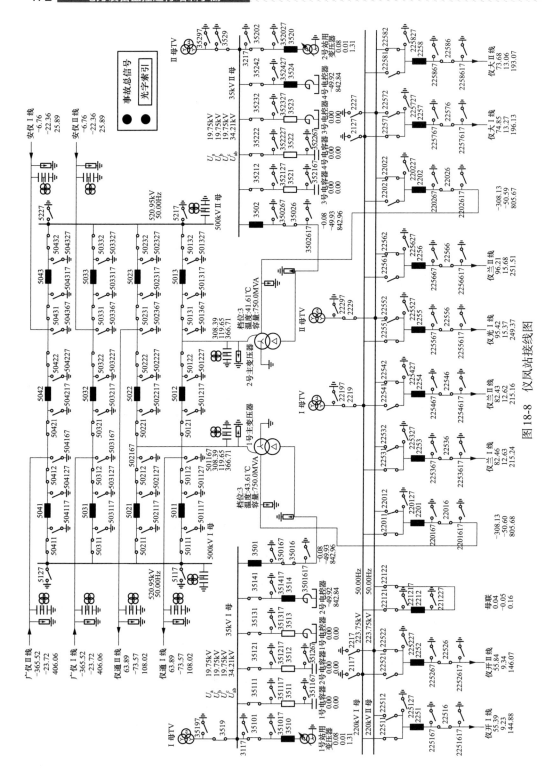

图18-8 仪凤站接线图

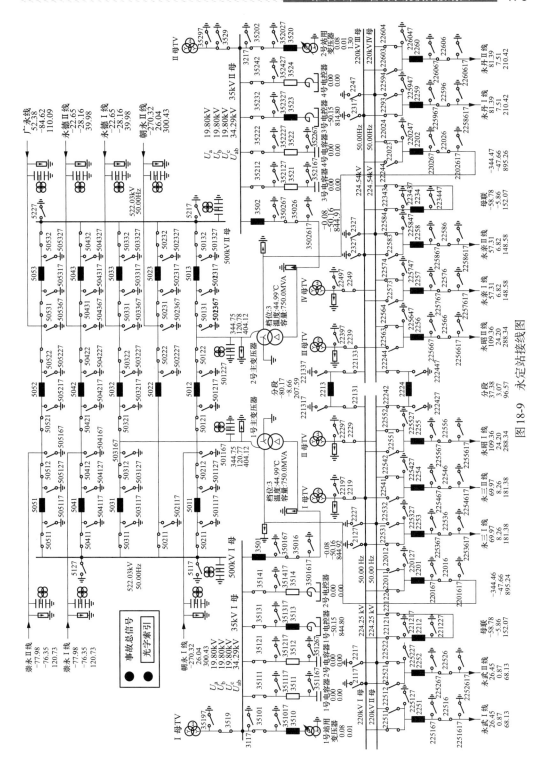

图 18-9 永定站接线图

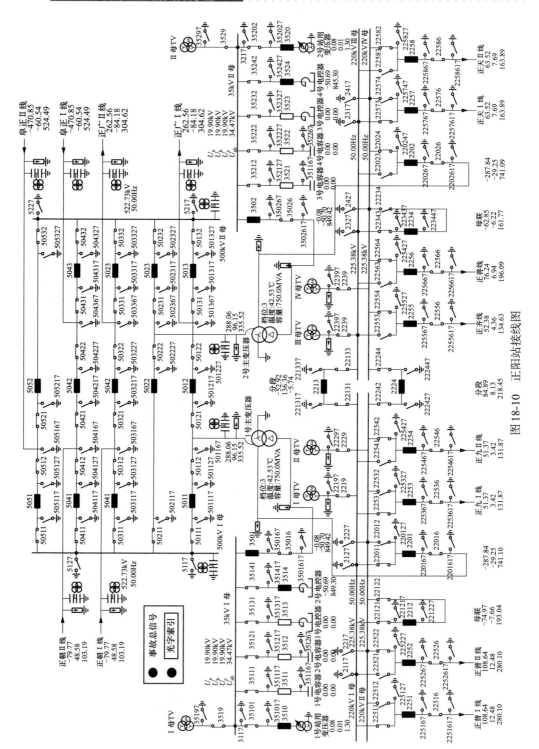

图 18-10 正阳站接线图

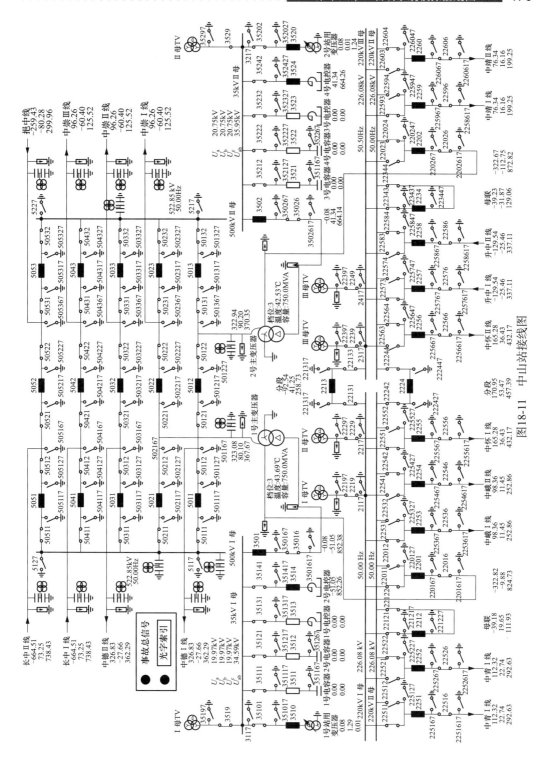

图18-11 中山站接线图

第十九章　省调上机实操案例

一、220kV双母线单分段方式下一条线路单相接地故障，接地线路开关拒动情况下的保护动作情况

案例：500kV安定站220kV 2251开关A相SF_6压力闭锁；安嘉Ⅰ线A相接地故障；220kV母线失灵保护动作。

监控系统告警窗报文：略。

汇报1：

> 异常故障现象：安定站220kV安嘉Ⅰ线2251开关SF_6压力降低闭锁，安嘉Ⅰ线线路保护动作，220kVⅠ母线失灵动作，Ⅰ～Ⅱ母母联2212开关、Ⅰ～Ⅲ母分段开关2213开关、1号主变压器2201开关、安永Ⅰ线2253开关跳开，安嘉Ⅰ线2251开关未跳开，220kVⅠ母线电压为0
>
> 原因分析：初步判断因220kV安嘉Ⅰ线2251开关SF_6压力低闭锁，安嘉Ⅰ线线路保护动作，但开关未断开，导致220kVⅠ母线失灵动作，Ⅰ母母线其他开关跳开
>
> 处理思路：汇报调度异常故障情况，然后通知运维人员去现场检查220kVⅠ母线相连开关间隔设备，检查2251开关SF_6气压是否降低到闭锁值

汇报2：

> 现场检查情况：
> (1) 检查2251开关，现场汇报SF_6压力降低至0.4MPa；
> (2) 检查220kVⅠ母母线本体、电压互感器，现场检查正在检查中。
> (3) 检查2251间隔内设备（除开关）、2212、2201、2253、2213开关及相关刀闸，现场汇报一切正常；
> (4) 检查安嘉Ⅰ线线路保护动作，测距20km（线路全长60km），220kVⅠ母线Ⅰ母失灵保护动作。
> (5) 通知巡线，现场汇报正在巡线中
>
> 处理过程：
> (1) 隔离2251开关。
> (2) 将2212、2213开关转冷备用。
> (3) 将安嘉Ⅰ线、1号主变压器转Ⅱ母线运行。
> (4) 对220kVⅠ母线充电，恢复正常运行方式

具体操作记录：

(1) 所有告警确认。

(2) 检查相关开关、刀闸位置。

(3) 相关设备遥信对位。

(4) 检查相关设备相电压、相间电压。

(5) 检查相关设备相电流、有功功率、无功功率、功率因数。

(6) 检查相关设备光字牌。

（7）询问现场检查设备情况。

（8）操作恢复现场运行方式。

二、500kV 一条线路单相接地故障，边开关拒动情况下的保护动作情况

案例：500kV 仪凤站 5043 开关 A 相 SF$_6$ 压力闭锁；安仪Ⅰ线 A 相接地故障；5043 开关失灵启动 500kVⅡ母线保护动作。

监控系统告警窗报文：略。

汇报 1：

异常故障现象：

（1）仪凤站 500kV 安仪Ⅰ线 5043 开关 SF$_6$ 压力降低闭锁，安仪Ⅰ线线路故障，安仪Ⅰ线两套主保护及后备线路保护动作，500kV 安仪Ⅰ线 5043 开关失灵动作，500kVⅡ母线两套失灵保护动作，安仪Ⅰ线/广仪Ⅱ线 5042 开关、2 号主变压器 5013 开关、仪通Ⅱ线 5023 开关、安仪Ⅱ线 5033 开关跳开，安仪Ⅰ线 5043 开关未跳开，500kV 安仪Ⅰ线有功、无功、电流遥测值为 0，500kVⅡ母线电压为 0。

（2）安定站安仪Ⅰ线线路故障，500kV 安仪Ⅰ线两套主保护及后备线路保护动作，500kV 安仪Ⅰ线两套远方跳闸保护动作，挹安线/安仪Ⅰ线 5022 开关、安仪Ⅰ线 5023 开关开，500kV 安仪Ⅰ线有功、无功、电流遥测值为 0

原因分析：

（1）初步判断因仪凤站安仪Ⅰ线线路故障，500kV 安仪Ⅰ线 5043 开关 SF$_6$ 压力降低闭锁，安仪Ⅰ线线路保护动作，但 5043 开关拒动未断开，导致 500kVⅡ母线失灵动作，Ⅱ母线其他开关跳开。

（2）安仪Ⅰ线线路故障，安嘉仪Ⅰ线线路保护动作，挹安线/安仪Ⅰ线 5022 开关、安仪Ⅰ线 5023 开关跳开

处理思路：汇报调度异常故障情况，然后通知运维人员去现场检查：

（1）仪凤站 500kVⅠ母线相连开关间隔设备，仪凤站 5043 开关 SF$_6$ 气压是否降低到闭锁值，安仪Ⅰ线间隔单元设备、5042 开关单元设备。

（2）安定站安仪Ⅰ线间隔单元设备、5022、5023 开关单元设备

汇报 2：

现场检查情况：

（1）仪凤站检查 5043 开关，现场汇报 SF$_6$ 压力降低至 0.4MPa；检查 500kVⅠ母母线本体、电压互感器、现场检查正在检查中；检查安仪Ⅰ线间隔单元设备（除开关）、5013、5023、5033、5042 开关及相关刀闸，现场汇报一切正常；检查安嘉Ⅰ线线路保护动作，测距 11km（线路全长 80km），5043 开关失灵动作；500kVⅡ母线失灵保护动作；安仪Ⅰ线第一套、第二套主保护及后备保护动作。

（2）安定站检查安仪Ⅰ线间隔单元设备、5022、5023 开关及相关刀闸，现场汇报一切正常；检查安嘉Ⅰ线线路第一套、第二套主保护及后备和远方跳闸保护动作；测距 69km（线路全长 80km）。

（3）通知巡线，现场汇报巡线正常

处理过程：

（1）隔离 5043 开关，拉开 50431、50432 刀闸。

（2）用 5033 开关充电 500kVⅡ母线，恢复 500kVⅡ母线正常运行方式（5043 开关除外）。

（3）安定站用 5023 开关对安仪Ⅰ线送电。

（4）安定站恢复安嘉Ⅰ线运行。

（5）仪凤站合上 5042 开关

具体操作记录：

（1）所有告警确认。

（2）检查相关开关、刀闸位置。

（3）相关设备遥信对位。

（4）检查相关设备相电压、相间电压。

（5）检查相关设备相电流、有功功率、无功功率、功率因数。

（6）检查相关设备光字牌。

（7）询问现场检查设备情况。

（8）操作恢复现场运行方式。

三、500kV变电站一主变压器220kV侧B相接地故障情况下的保护动作情况（220kV双母线接线）

案例：德胜站1号主变压器220kV 2201开关拒动；德胜站5012开关A相SF$_6$气压低闭锁；德胜站1号主变压器220kV侧B相接地故障（22016闸刀支柱绝缘子B相故障）

监控系统告警窗报文：略。

汇报1：

异常故障现象：

（1）德胜站5012开关SF$_6$压力降低闭锁，1号主变压器故障，两套差动保护动作跳闸，500kV 5012开关失灵动作，220kV母线两套失灵保护动作。

1）500kV：5011、5013开关分闸；5012开关合闸位置。

2）220kV：220kVⅠ母线设备（即2251、2212、2253、2255、2257）开关分闸；1号主变压器220kV 2201开关合闸位置；220kVⅠ母电压为0，频率为0。

3）35kV：1号主变压器35kV 3501开关分闸。

（2）永定站：500kV永德Ⅰ线两套远方跳闸保护动作，5032、5033开关分闸。永德Ⅰ线有功、无功、电流遥测值为0

原因分析：初步判断因德胜站1号主变压器故障保护动作跳闸，因主变压器中开关5012开关拒动，启动失灵保护跳5013开关及永德Ⅰ线对侧永定站开关；又因1号主变压器220kV开关拒动，致220kVⅠ母线失灵保护动作跳Ⅰ母线，使220kVⅠ母失电。

（1）因1号主变压器故障致1号主变压器第一、二套差动保护动作，跳开5011、3501开关。

（2）因5012开关拒动，启动失灵保护跳5013开关及永德Ⅰ线对侧永定站5032、5033开关。

（3）因1号主变压器220kV 2201开关拒动，致220kVⅠ母线第一、二套失灵保护动作，跳Ⅰ母线上其他所有间隔设备

处理思路：汇报调度异常故障情况，然后通知运维人员去现场检查。

（1）德胜站500kV1号主变压器间隔设备，德胜站5012开关SF$_6$气压是否降低到闭锁值，永德Ⅰ线间隔单元设备、5013开关单元设备，220kVⅠ母线间隔单元设备，2201开关单元设备，3501开关单元设备。

（2）永定站永德Ⅰ线间隔单元设备、5032、5033开关单元设备

汇报2：

现场检查情况：

（1）德胜站检查5012开关，现场汇报SF$_6$压力降低至0.4MPa；检查22016闸刀B相支柱绝缘子故障；检查1号主变间隔单元设备、5011、5012、5013、3501、2201、2251、2212、2253、2257开关及相关刀闸，现场汇报2201开关机构卡涩，其他一切正常；220kVⅠ母线及单元设备检查正常，检查永德Ⅰ线单元设备正常，512开关失灵保护动作；220kVⅠ母线失灵保护动作；1号主变压器第一、二套主保护动作。

（2）永定站检查永德Ⅰ线间隔单元设备、5032、5033开关及相关刀闸，现场汇报一切正常；检查永德Ⅰ线线路第一、第二套远方跳闸保护动作。

（3）通知主变压器试验

处理过程：
（1）故障隔离。
1）拉开异常设备 5012 和 2201 开关两侧闸刀。
2）将跳闸开关 5011 和 3501 从热备用改为冷备用，使 1 号主变压器改为冷备用状态，故障隔离。
3）35kVⅠ母线清排：2 号电抗器和 1 号主变压器从运行改为热备用。
4）待正常设备送电完毕后，将 1 号主变压器从冷备用改为变压器检修。
（2）恢复送电。
1）5013 开关从热备用改为运行，对永德Ⅰ线充电，充电正常后依次将永定站永德Ⅰ线 5033 和 5032 开关改为运行，恢复永德Ⅰ线正常送电。
2）将 220kV 母联 2212 开关从热备用改为运行，对 220kVⅠ母线充电，充电正常后依次将 220kVⅠ母线跳闸开关（即 2251、2253、2255、2257）从热备用改为运行，恢复线路送电

具体操作记录：
（1）所有告警确认。
（2）检查相关开关、刀闸位置。
（3）相关设备遥信对位。
（4）检查相关设备相电压、相间电压。
（5）检查相关设备相电流、有功功率、无功功率、功率因数。
（6）检查相关设备光字牌。
（7）询问现场检查设备情况。
（8）操作恢复现场运行方式。

四、500kV 变电站一边开关开关死区故障，主变压器中压侧开关拒动情况下的保护动作情况

案例：广安站 2 号主变压器 220kV 2202 开关拒动；广安站 2 号主变压器 500kV 5033 开关与Ⅱ母侧 50332 闸刀间死区 A 相接地故障。

监控系统告警窗报文：略。

汇报 1：

异常故障现象：广安站 5033 开关死区故障，致 2 号主变压器保护动作跳闸，但 5033 开关跳闸后，故障点未隔离，500kVⅡ母失灵保护动作跳Ⅱ母线，使 500kVⅡ母失电；又因 2 号主变压器 220kV 开关拒动，致 220kVⅣ母线失灵保护动作跳Ⅳ母线，使 220kVⅣ母失电。广安站：
（1）500kV。500kVⅡ母线设备（即 5033、5013、5023、5043、5053）开关分闸；5032 开关分闸；500kVⅡ母失电。
（2）220kV：220kVⅣ母线设备（即 2224、2256、2258、2234、2260）开关分闸；2 号主变压器 220kV 2202 开关合闸位置；220kVⅣ母线失电。
（3）35kV：2 号主变压器 35kV 3502 开关分闸。
广安站 5033 开关死区故障，2 号主变压器 220kV 2202 开关 SF₆ 压力低闭锁，开关拒动，2 号主变压器两套主保护动作，跳开 5032、5033、3502 开关，2202 开关未跳闸，5033 开关两套失灵保护动作，跳开 500kVⅡ母线 5033、5013、5023、5043、5053 开关，500kVⅡ母线电压为 0；220kVⅣ母线母差失灵保护动作，跳开 2224、2256、2258、2234、2260 开关分闸；2 号主变压器 220kV 2202 开关合闸位置；220kVⅣ母线失电，电压为 0

> 原因分析：初步判断因广安站 5033 开关死区故障，致 2 号主变压器保护动作跳闸，但 5033 开关跳闸后，故障点未隔离，500kVⅡ母失灵保护动作跳Ⅱ母线，使 500kVⅡ母失电；又因 2 号主变压器 220kV 开关拒动，致 220kVⅣ母线失灵保护动作跳Ⅳ母线，使 220kVⅣ母失电。
> （1）因 5033 开关死区故障，属 2 号主变压器保护范围，致 2 号主变压器第一、二套差动保护动作，跳开 5032、5033、3502 开关。
> （2）因 5033 开关跳闸后，故障点没有隔离，500kVⅡ母第一、二套失灵保护动作跳母线其他所有间隔设备。
> （3）因 2 号主变压器 220kV 2202 开关拒动，致 220kVⅣ母线第一、二套失灵保护动作，跳Ⅳ母线上其他所有间隔设备

> 处理思路：汇报调度异常故障情况，然后通知运维人员去现场检查：广安站 500kVⅡ母线相连开关间隔设备，广安站 2202 开关 SF₆ 气压是否降低到闭锁值，2 号主变压器及三侧单元设备，220kVⅣ母线及其单元设备

汇报 2：

> 现场检查情况：广安检查 2202 开关，现场汇报 SF₆ 压力降低至 0.4MPa；检查 500kVⅡ母母线本体、电压互感器、各间隔开关，5033 开关死区故障；检查 2 号主变压器及三侧开关除 2202 开关机构卡涩其他开关及相关刀闸，现场汇报一切正常；检查 35kVⅠ母线及相连设备正常，220kVⅣ母线及其相连开关、刀闸设备一切正常，检查 2 号主变压器保护动作正确，220kVⅣ母线差动保护、5033 开关保护均正确动作

> 处理过程：
> （1）故障隔离：
> 1）将故障设备 5033 开关从热备用改为冷备用，故障点隔离。
> 2）拉开异常设备 2202 开关两侧刀闸。
> 3）待正常设备送电完毕后，将 5033 开关从冷备用改为开关检修。
> （2）恢复送电：
> 1）依次将 5053、5043、5023、5013 开关从热备用改为运行，恢复 500kVⅡ母送电。
> 2）将 220kV 分段 2224 开关从热备用改为运行，对 220kVⅣ母充电，充电正常后依次将 220kVⅣ母线跳闸开关（即 2234、2256、2258、2260）从热备用改为运行，恢复送电。
> 3）依次将 2 号主变压器 5032、3502 开关从热备用改为运行，恢复 2 号主变压器空充状态

具体操作记录：

（1）所有告警确认。

（2）检查相关开关、刀闸位置。

（3）相关设备遥信对位。

（4）检查相关设备相电压、相间电压。

（5）检查相关设备相电流、有功功率、无功功率、功率因数。

（6）检查相关设备光字牌。

（7）询问现场检查设备情况。

（8）操作恢复现场运行方式。

五、500kV 变电站一中开关开关与Ⅱ段母线侧闸刀间死区 A 相接地故障，一边开关开关拒动保护动作行为（涉及三个变电站）

案例： 朝阳站 5022 开关死区故障，500kV 正潮Ⅰ线保护动作跳闸，但 5021 开关拒动；因 5022 开关跳闸后，故障点没有隔离，5022 开关失灵保护动作跳 5023 开关及朝永Ⅱ线对侧永定站开关。

监控系统告警窗报文：略。

汇报 1：

异常故障现象：
(1) 朝阳站 500kV 正朝Ⅰ线 5021 开关 SF₆ 压力降低闭锁，5022 开关死区故障，正朝Ⅰ线两套主保护及后备保护动作跳闸，5022 开关失灵保护动作，跳开 5022 开关、5023 开关，5021 开关闭锁未跳开。
(2) 正阳站正朝Ⅰ线两套远方跳闸保护动作，5031、5032 开关分闸，500kV 正朝Ⅰ线有功遥测值为 0。
(3) 永定站朝永Ⅱ线两套远方跳闸保护动作，5022、5023 开关分闸 500kV 朝永Ⅱ线有功、无功、电流遥测值为 0

原因分析：朝阳站 5022 开关死区故障，500kV 正潮Ⅰ线保护动作跳闸，但 5021 开关拒动；因 5022 开关跳闸后，故障点没有隔离，5022 开关失灵保护动作跳 5023 开关及朝永Ⅱ线对侧永定站开关。
(1) 因 5022 开关死区故障，属 500kV 正潮Ⅰ线保护范围，致正潮Ⅰ线第一、二套主后备保护动作，跳开 5022 开关，但 5021 开关拒动。
(2) 因 5022 开关跳闸后，故障点没有隔离，5022 开关失灵保护动作跳 5023 开关及朝永Ⅱ线对侧永定站 5022、5023 开关

处理思路：汇报调度异常故障情况，然后通知运维人员去现场检查。
(1) 朝阳站 500kV 朝永Ⅰ线间隔设备，5021 开关 SF₆ 气压是否降低到闭锁值，5022、5023 开关设备、正朝Ⅰ线单元设备。
(2) 正阳站检查正潮Ⅰ线间隔单元设备，50312、5032 开关单元设备。
(3) 永定朝永Ⅱ线间隔单元设备、5022、5023 开关单元设备

汇报 2：

现场检查情况：
(1) 朝阳站检查 5021 开关，现场汇报 SF₆ 压力降低至 0.4MPa；朝阳站 500kV 朝永Ⅰ线间隔设备正常，5022 开关死区故障，5023 开关设备、正朝Ⅰ线单元设备检查正常，正朝Ⅰ线两套保护动作正确，5022 开关失灵保护动作正确。
(2) 正阳站检查正潮Ⅰ线间隔单元设备，50312、5032 开关单元设备正常，正阳站正潮Ⅰ线两套远方跳闸保护动作正确。
(3) 永定朝永Ⅱ线间隔单元设备、5022、5023 开关单元设备正常，永定站朝永Ⅱ线两套远方跳闸保护动作正确

处理过程：
(1) 故障隔离。
1) 将故障设备 5022 开关从热备用改为冷备用，故障点隔离。
2) 将异常设备 5021 开关隔离：
a. 正阳站正潮Ⅰ线 5031、5032 开关从热备用改为冷备用。
b. 陪停朝阳站 500kVⅠ母（依次将 5041、5031、5011 开关从运行改为热备用）。
c. 拉开 5021 开关两侧刀闸。
d. 恢复朝阳站 500kVⅠ母运行（依次将 5041、5031、5011 开关从热备用改为运行）。
3) 待正常设备送电完毕后，将 5022 开关从冷备用改为开关检修。
(2) 恢复送电。将 5023 开关从热备用改为运行，对朝永Ⅱ线充电，充电正常后依次将永定站朝永Ⅱ线 5023 和 5022 开关改为运行，恢复朝永Ⅱ线正常送电

具体操作记录：
(1) 所有告警确认。
(2) 检查相关开关、刀闸位置。
(3) 相关设备遥信对位。
(4) 检查相关设备相电压、相间电压。
(5) 检查相关设备相电流、有功功率、无功功率、功率因数。
(6) 检查相关设备光字牌。

（7）询问现场检查设备情况。

（8）操作恢复现场运行方式。

六、500kV 变电站 220kV 线路 AB 相接地故障，两套线路保护拒动，失灵保护未启动，1、2 号主变压器中压侧后备保护均动作情况

案例：崇文站 220kV 分段 2224 开关 SF₆ 压力闭锁，开关拒动；220kV 崇文Ⅱ线第一套保护装置直流电源消失，崇文Ⅱ线第二套保护装置直流电源消失，崇文站 220kV 崇文Ⅱ线第一、二套主后备保护均拒动。

监控系统告警窗报文：略。

汇报 1：

> 异常故障现象：崇文站 220kV 分段 2234 开关 SF₆ 压力降低闭锁，崇立Ⅱ线线路 AB 相故障，线路保护拒动，1、2 号主变压器中压侧后备保护均动作，跳 220kV 分段 2224、2213 开关、母联 2212、2234、2 号主变压器 220kV 开关，但分段 2224 开关拒动未跳开。220kV Ⅱ、Ⅳ 母线上的 2252、2254、2256、2258、2260 开关在合位，线路有功、无功、电流遥测值均为 0，线路崇文Ⅱ线线路有功、无功、电流遥测值为 0，220kV Ⅱ、Ⅳ 母线电压为 0

> 原因分析：初步判断因崇文站 220kV 崇立Ⅱ线路故障，线路保护拒动，1、2 号主变压器中压侧后备保护均动作，跳 220kV 分段、母联、2 号主变压器 220kV 开关，但分段 2224 开关拒动。
> （1）因 220kV 崇立Ⅱ线路故障，线路保护拒动，且 220kV 母线为合环状态，此时 1、2 号主变压器中压侧后备保护均动作。
> （2）1、2 号主变压器中压侧后备保护动作，第一阶段跳 220kV 分段 2224 开关，但分段 2224 开关拒动；第二阶段跳 220kV 母联 2234、2212 开关；第三阶段跳 2 号主变压器 220kV 2202 开关，因 220kV 母联开关跳闸后使 220kV Ⅱ 母与故障点隔离，1 号主变压器 220kV 2201 开关不再跳闸

> 处理思路：汇报调度异常故障情况，然后通知运维人员去现场检查。崇文站 220kV 崇立Ⅱ线路巡线，检查崇文站 220kV 崇立Ⅱ线间隔单元一次设备，崇文站 2213 开关 SF₆ 气压是否降低到闭锁值，检查 2 号主变压器中压侧 2202 开关设备，220kV Ⅱ、Ⅳ 母线本体及其连接设备，包括母联及分段开关设备，检查崇立Ⅱ线第一、二套保护装置情况，检查 1、2 号主变压器保护动作情况

汇报 2：

> 现场检查情况：崇文站检查 2224 开关，现场汇报 SF₆ 压力降低至 0.4MPa；崇文站 220kV 崇立Ⅱ线路巡线工作正在进行中，检查崇文站 220kV 崇立Ⅱ线间隔单元一次设备正常，检查 2 号主变压器中压侧 2202 开关设备，220kV Ⅱ、Ⅳ 母线本体及其连接设备正常，包括母联及分段开关设备，检查正常，检查崇立Ⅱ线第一、二套保护装置情况，两套保护装置电源空气开关跳开，检查 1、2 号主变压器保护动作正确，线路故障测距 20km（线路全长 45km）

> 处理过程：
> （1）故障隔离。
> 1）将故障设备 220kV 崇文Ⅱ线从运行改为冷备用，故障点隔离。
> 2）待 220 千伏Ⅲ母线空出后，依次拉开异常设备 2224 开关 22133、22131 刀闸，设备隔离。
> 3）待正常设备送电完毕，异常设备隔离后，将 220kV 崇文Ⅱ线从冷备用改为开关线路检修。
> （2）恢复送电。
> 1）将 2 号主变压器 220kV2202 开关从热备用改为运行（操作前修改主变压器后备保护定值），充电 220kV Ⅳ 母线，恢复Ⅳ母送电。
> 2）将 220kV 分段 2224 从热备用改为运行，充电 220kV Ⅱ 母线，恢复Ⅱ母送电。
> 3）依次将 220kV Ⅲ母线运行设备（即 2257、2259）冷倒至 220kV Ⅳ 母线，空出 220kV Ⅲ 母线。
> 4）依次将 220kV 母联 2234、2212 开关从热备用改为运行，恢复 220kV 母线合环运行。
> 5）依次将 220kV Ⅲ母线原运行设备（即 2257、2259）热倒至 220kV Ⅲ 母线，恢复正常接排方式

具体操作记录：

（1）所有告警确认。

（2）检查相关开关、刀闸位置。

（3）相关设备遥信对位。

（4）检查相关设备相电压、相间电压。

（5）检查相关设备相电流、有功功率、无功功率、功率因数。

（6）检查相关设备光字牌。

（7）询问现场检查设备情况。

（8）操作恢复现场运行方式。

七、500kV 变电站 220kV 线路 A 相瞬时故障，另一变电站一边开关死区故障的保护动作情况（涉及两个变电站故障）

案例：广安站广仪Ⅰ线线路 A 相瞬时故障，仪凤站 5041 开关死区故障（5041 开关与 50411 闸刀间 A 相故障）。5022 开关重合闸闭锁（5022 开关重合闸出口压板未投入），5021 开关测控装置死机。

监控系统告警窗报文：略。

汇报 1：

异常故障现象：
（1）广安站广仪Ⅰ线线路 A 相瞬时故障，广仪Ⅰ线线路两套主保护及后备保护动作 5021、5022 开关 A 相跳闸，5021、5022 开关重合闸动作重合，5021 开关重合成功，5022 开关重合闸未重合成功；广仪Ⅱ线两套主保护、后备保护及远方跳闸保护动作 5021、5022 开关 A 相跳闸，5012、5013 开关跳开，5022 在合位，5021 开关无位置指示；广仪Ⅱ线遥测有功、无功、电流为 0。
（2）凤仪站广仪Ⅰ线线路 A 相瞬时故障，广仪Ⅰ线线路两套主保护及后备保护动作 5031、5032 开关 A 相跳闸，5021、5022 开关重合闸动作，广仪Ⅱ线两套主保护、后备保护动作跳闸 5041、5042 开关 A 相跳闸，5041 开关死区故障失灵保护动作，500kVⅠ母线失灵保护动作，5011、5021、5031、5041 开关跳开，广仪Ⅱ线遥测有功、无功、电流为 0，500kVⅠ母线电压为 0

原因分析：
（1）初步判断因广安站广仪Ⅰ线线路 A 相瞬时故障，广仪Ⅰ线线路两套主保护及后备保护动作 5021、5022 开关 A 相跳闸，5021、5022 开关重合闸动作重合，5021 开关重合成功，5022 开关重合闸未重合成功；广仪Ⅱ线两套主保护、后备保护及远方跳闸保护动作 5021、5022 开关 A 相跳闸，5012、5013 开关跳开，5022 在合位，5021 开关无位置指示。
（2）凤仪站广仪Ⅰ线线路 A 相瞬时故障，广仪Ⅰ线线路两套主保护及后备保护动作 5031、5032 开关 A 相跳闸，5021、5022 开关重合闸动作，广仪Ⅱ线两套主保护、后备保护动作跳闸 5041、5042 开关 A 相跳闸，5041 开关死区故障失灵保护动作，500kVⅠ母线失灵保护动作，5011、5021、5031、5041 开关跳开

处理思路：汇报调度异常故障情况，然后通知运维人员去现场检查。
（1）广安站 500kV 广仪Ⅱ线单元设备及 5012、5013、5022、5023 开关设备，检查 5021 开关无位置指示原因，检查 5022 开关未重合成功原因，检查 5022 开关保护及广仪Ⅱ线、广仪Ⅰ线两套保护动作情况。
（2）凤仪站运维人员检查。广仪Ⅰ线、广仪Ⅱ线单元设备及 5041、5042 开关设备，500kVⅠ母线单元及 5031、5021、5011 开关单元设备，5031、5032 开关保护、500kVⅠ母线两套保护，广仪Ⅱ线、广仪Ⅰ线两套保护动作情况

汇报 2：

现场检查情况：
(1) 广安站检查 5021 开关，现场汇报 5021 开关测控装置死机；广安站 500kV 广通线单元设备及 5012、5013、5022、5023 开关设备，检查 5022 开关未重合成功原因为重合闸出口压板未投，检查 5022 开关保护及广仪Ⅱ线、广仪Ⅰ线两套保护动作情况正确。
(2) 凤仪站运维人员检查。广仪Ⅰ线、广仪Ⅱ线单元设备及 5041、5042 开关设备，500kVⅠ母线单元及 5031、5021、5011 开关单元设备正常，5041 开关与 50411 闸刀间故障，5031、5032 开关保护、500kVⅠ母线两套保护，广仪Ⅱ线、广仪Ⅰ线两套保护动作情况正确

处理过程：
(1) 广安站通过 5013 开关对广仪Ⅱ线进行试送。
(2) 仪凤站通过 5042 开关恢复广仪Ⅱ线合环运行。
(3) 仪凤站 5041 开关改冷备用；恢复 500kVⅠ母运行，最后将 5041 开关改检修

具体操作记录：
（1）所有告警确认。
（2）检查相关开关、刀闸位置。
（3）相关设备遥信对位。
（4）检查相关设备相电压、相间电压。
（5）检查相关设备相电流、有功功率、无功功率、功率因数。
（6）检查相关设备光字牌。
（7）询问现场检查设备情况。
（8）操作恢复现场运行方式。

八、500kV 变电站线变串一边开关拒动，另一边开关与刀闸间死区故障，2 台主变压器负荷均为 70% 下的保护动作情况

案例：正阳站 5011 开关拒动（不能够直接拉闸刀隔离故障开关），5031 开关 50312 刀闸侧死区故障。2 台主变压器负荷均为 70% 下的保护动作情况。

监控系统告警窗报文：略。

汇报 1：

异常故障现象：
(1) 正阳站 500kV 仪通Ⅰ线 5011 开关 SF_6 压力降低闭锁，5031 开关 50312 刀闸侧死区故障，500kVⅠ母线两套差动保护动作出口，跳开 5051、5041、5031、5022 开关，5011 开关未跳开，5031 开关失灵保护动作出口，跳开 5032 开关；500kV 正朝Ⅰ线有功、无功、电流遥测值为 0，500kVⅠ母线电压正常；35kVⅠ、Ⅱ母线电压越限。
(2) 朝阳站 500kV 正朝Ⅰ线两套远方跳闸保护动作，5021、5022 开关跳开，500kV 正朝Ⅰ线有功、无功、电流遥测值为 0。35kVⅠ、Ⅱ母线电压越限

原因分析：
(1) 初步判断因正阳站 500kV 仪通Ⅰ线 5011 开关 SF_6 压力降低闭锁，5031 开关 50312 刀闸侧死区故障，500kVⅠ母线两套差动保护动作出口，跳开 5051、5041、5031、5022 开关，5011 开关未跳开，5031 开关失灵保护动作出口，跳开 5032 开关。
(2) 朝阳站 500kV 正朝Ⅰ线两套远方跳闸保护动作，5021、5022 开关跳开

处理思路：汇报调度异常故障情况，然后通知运维人员去现场检查。
(1) 正阳站 500kV I 母线相连开关间隔设备，正阳站 5011 开关 SF_6 气压是否降低到闭锁值，正朝 I 线间隔单元设备、5032 开关单元设备及 500kV I 母差两套保护、5011 开关保护及正朝 I 线两套保护动作情况。
(2) 朝阳站检查正朝 I 线间隔单元设备、5021、5022 开关单元设备及正朝 I 线两套远方跳闸保护

汇报 2：

现场检查情况：
(1) 正阳站检查 5011 开关，现场汇报 SF_6 压力降低至 0.4MPA；检查 500kV I 母母线间隔开关（除 5011 开关外）其他设备现场检查正常；检查正朝 I 线间隔单元设备、5032 开关及相关刀闸，现场汇报一切正常，5031 开关与 50312 刀闸间死区故障；5031 开关失灵保护动作正确；500kV I 母线失灵保护动作正确。
(2) 朝阳站检查正朝 I 线间隔单元设备、5021、5022 开关单元设备及正朝 I 线两套远方跳闸保护均正常

处理过程：
(1) 5031 开关改为冷备用。
(2) 朝阳站用 5021 开关试送正朝 I 线运行，合上 5022 开关，恢复正朝 I 线运行。
(3) 通过 5051、5041、5022 开关恢复 500kV I 母运行。
(4) 通过两侧刀闸拉环流隔离 5011 开关。
(5) 将 5031、5011 开关转冷备用（或检修）。
(6) 拉开朝阳站、正阳站 35kV 电抗器，投入一组电容器

具体操作记录：
(1) 所有告警确认。
(2) 检查相关开关、刀闸位置。
(3) 相关设备遥信对位。
(4) 检查相关设备相电压、相间电压。
(5) 检查相关设备相电流、有功功率、无功功率、功率因数。
(6) 检查相关设备光字牌。
(7) 询问现场检查设备情况。
(8) 操作恢复现场运行方式。

注：因 500kV 闸刀不能拉空充母线，5011 开关不能直接通过两侧刀闸隔离，只能通过拉停 1 号主变压器或者恢复 500kV 三串运行方可隔离，因拉停 1 号主变压器将造成 2 号主变压器过负荷，因此只能通过 5051、5041 开关恢复 500kV I 母运行，用两侧闸刀拉环流隔离 5011 开关。

九、500kV 变电站 35kV II 母检修状态，一边开关断路器油压低闭锁分合闸，对应外网线 A 相永久故障下的保护动作情况

案例：朝阳站 35kV II 母检修状态；5031 断路器油压低闭锁分合闸；外接站用电 B 相电压越下限；武朝 I 线 A 相永久故障。朝阳站武朝 I 线，不具备远方试送条件（关注外网武定站）。

监控系统告警窗报文：略。

汇报 1：

异常故障现象：

（1）朝阳站 500kV 武朝Ⅰ线线路故障，线路两套主变压器保护动作，5032、5033 开关 A 相跳闸，5033、5032 开关保护重合闸动作，重合不成功，5033、5032 开关三相跳闸；500kV 武朝Ⅰ线有功、无功、电流遥测值为 0。

（2）外网武定站 500kV 武朝Ⅰ线线路故障，线路两套主变压器保护动作，5012、5013 开关 A 相跳闸，5013、5012 开关保护重合闸动作，重合不成功，5013、5012 开关三相跳闸；500kV 武朝Ⅰ线有功、无功、电流遥测值为 0

原因分析：

（1）初步判断因朝阳站武朝Ⅰ线线路故障，500kV 安仪Ⅰ线 5031 开关机构油压力降低闭锁，朝阳站 500kV 武朝Ⅰ线线路故障，线路两套主变压器保护动作，5032、5033 开关 A 相跳闸，5033、5032 开关保护重合闸动作，重合不成功，5033、5032 开关三相跳闸。

（2）外网武定站 500kV 武朝Ⅰ线线路故障，线路两套主变压器保护动作，5012、5013 开关 A 相跳闸，5013、5012 开关保护重合闸动作，重合不成功，5013、5012 开关三相跳闸

处理思路：汇报调度异常故障情况，然后通知运维人员去现场检查。

（1）朝阳站 500kV 武朝Ⅰ线巡线，武朝Ⅰ线单元设备包括高压电抗器，5033、5032 开关单元设备，5031 开关机构油压力是否降低到闭锁值，武朝Ⅰ线保护、5033、5032 开关保护动作情况，故障测距情况。

（2）联系外网调度通知武定站运维人员去现场检查。武朝Ⅰ线单元设备，5013、5012 开关单元设备

汇报 2：

现场检查情况：

（1）朝阳站检查 5031 开关，现场汇报机构压力降低至闭锁值；朝阳站 500kV 武朝Ⅰ线巡线，武朝Ⅰ线单元设备包括高压电抗器，5033、5032 开关单元设备检查正常，武朝Ⅰ线保护、5033、5032 开关保护动作情况正确，故障测距 20km（线路全长 150km），线路巡线发现 20km 处钢塔绝缘子击穿需更换。

（2）外网调度通知武定站运维人员去现场检查武朝Ⅰ线单元设备，5013、5012 开关单元设备检查正常

处理过程：

（1）朝阳站将 5032、5033 开关转冷备用。

（2）将高压电抗器转冷备用，拉开 5033K 刀闸。

（3）拉开 2201 开关。

（4）拉开 5011 开关。

（5）拉开 5021 开关。

（6）拉开 5041 开关。

（7）拉开 3501 开关。

（8）将 5031 开关转冷备用，拉开 50311、50312 刀闸。

（9）恢复 500kVⅠ母线正常运行方式。

（10）尽快处理 5031 开关异常及武朝Ⅰ线故障，恢复 1 号主变压器及线路运行

具体操作记录：

（1）所有告警确认。

（2）检查相关开关、刀闸位置。

（3）相关设备遥信对位。

（4）检查相关设备相电压、相间电压。

（5）检查相关设备相电流、有功功率、无功功率、功率因数。

（6）检查相关设备光字牌。

（7）询问现场检查设备情况。

（8）操作恢复现场运行方式。

十、变电站500kVⅠ母B相永久故障，500kVⅠ母第一、二套差动拒动下的保护动作情况

案例： 安定站500kVⅠ母B相永久故障；安定站500kVⅠ母第一、二套RCS-915E差动拒动。500kV所有对侧线路接地距离Ⅱ段动作跳开对侧开关，因220kV全是负荷线路，本站没有保护动作，全站失压。

监控系统告警窗报文：略。

汇报1：

异常故障现象：

（1）安定站：全站失压，无开关跳闸；500、220、35kV各母线电压为0；各电压等级线路有功、无功、电流遥测值为0。

（2）挹江电厂：500kV挹安线两套后备保护（接地距离Ⅱ段）动作，跳开5031、5032开关，挹安线有功、无功、电流遥测值为0。

（3）通济站：500kV安通线两套后备保护（接地距离Ⅱ段）动作，跳开5031、5032开关，安通线有功、无功、电流遥测值为0。

（4）仪凤站：500kV安仪Ⅰ、Ⅱ线两套后备保护（接地距离Ⅱ段）动作，跳开5031、5032开关，安仪Ⅰ、Ⅱ线有功、无功、电流遥测值为0

原因分析：初步判断因安定站500kVⅠ母B相永久故障；安定站500kVⅠ母第一、二套RCS-915E差动拒动。500kV所有对侧线路接地距离Ⅱ段动作跳对侧开关

处理思路：汇报调度异常故障情况，然后通知运维人员去现场检查。

（1）安定站500kVⅠ、Ⅱ线及其相连开关间隔设备，500kVⅠ、Ⅱ线保护装置情况。

（2）挹江电厂检查500kV挹安线间隔设备及两套后备保护（接地距离Ⅱ段）动作情况，检查5031、5032开关设备。

（3）通济站检查500kV安通线间隔设备及两套后备保护（接地距离Ⅱ段）动作情况，检查5031、5032开关设备。

（4）仪凤站检查500kV安仪Ⅰ、Ⅱ线间隔设备及两套后备保护（接地距离Ⅱ段）动作情况，检查5031、5032开关设备

汇报2：

现场检查情况：

（1）安定站500kVⅠ母线B相支柱绝缘子故障、Ⅱ母线及其相连开关间隔设备一切正常，500kVⅠ母线两套差动保护压板漏投，Ⅱ母线保护装置正常。

（2）挹江电厂检查500kV挹安线间隔设备及两套后备保护（接地距离Ⅱ段）动作情况正确，检查5031、5032开关设备正常。

（3）通济站检查500kV安通线间隔设备及两套后备保护（接地距离Ⅱ段）动作正确，检查5031、5032开关设备正常。

（4）仪凤站检查500kV安仪Ⅰ、Ⅱ线间隔设备及两套后备保护（接地距离Ⅱ段）动作正确，检查5031、5032开关设备正常

处理过程：

(1) 安定站 500kV 系统保留 5021、5023 开关不拉开，其他开关全部拉开；220kV 保留 2213 开关，其他开关全部拉开（因 220kV 无外来电源）；拉开 35kVⅠ、Ⅱ母线上的全部开关。

(2) 挹江电厂试送挹安线运行，合上 5031 开关、5032 开关，安定站 500kVⅠ母线带电。

(3) 仪凤站试送安仪Ⅰ线运行，合上 5043 开关、5042 开关，安定站 500kVⅡ母线带电。

(4) 安定站用 5022 开关合环，合上 5022 开关。

(5) 仪凤站恢复安仪Ⅱ线运行，合上 5033、5032 开关。

(6) 通济站恢复安通线运行，合上 5023、5022 开关运行。

(7) 安定站合上 5043、5042 开关。

(8) 修改 1 号主变压器保护定值。

(9) 安定站合上 5011 开关，空充 1 号主变压器运行。

(10) 安定站合上 5012 开关。

(11) 合上 3501 开关。

(12) 合上 3510 开关。

(13) 合上 2201 开关，空充 220kVⅠ、Ⅲ母线运行。

(14) 逐一恢复 220kVⅠ、Ⅲ母线上运行的开关。

(15) 在 1 号主变压器不过负荷的情况下，投入 2212 开关充电保护（在 1 号主变压器过负荷情况下，先恢复 2 号主变压器运行，在恢复 220kVⅡ母线上运行的开关）。

(16) 合上 2212 开关，对Ⅱ母线充电。

(17) 退出 2212 开关充电保护。

(18) 逐一恢复 220kVⅡ母线上运行的开关。

(19) 合上 5033 开关，空充 2 号主变压器运行。

(20) 安定站合上 5032 开关。

(21) 合上 3502 开关。

(22) 合上 3520 开关。

(23) 合上 2202 开关。

(24) 合上 2223 开关；恢复 220kV 正常运行方式

具体操作记录：

(1) 所有告警确认。

(2) 检查相关开关、刀闸位置。

(3) 相关设备遥信对位。

(4) 检查相关设备相电压、相间电压。

(5) 检查相关设备相电流、有功功率、无功功率、功率因数。

(6) 检查相关设备光字牌。

(7) 询问现场检查设备情况。

(8) 操作恢复现场运行方式。

十一、变电站一主变压器高压侧刀闸与 TA 之间永久性 A 相接地故障，主变压器两套差动保护跳中开关压板退出下的保护动作情况，220kV 母联开关 A 相 SF₆ 压力低闭锁

案例：安定变 2 号主变压器高压侧 50331 刀闸和 TA 之间永久性 A 相接地故障，2 号主变压器两套差动保护跳 2202 开关压板退出，220kVⅠ、Ⅱ母联 2212 开关 A 相 SF₆ 压力低闭锁。

监控系统告警窗报文：略。

汇报 1：

异常故障现象：安定站Ⅵ、Ⅱ母母联 2212 开关 A 相 SF$_6$ 压力低闭锁，2 号主变压器 50331 刀闸和 TA 之间永久性 A 相接地故障，2 号主变压器两套差动保护跳主变压器三侧 5032、5033、3502 开关，2202 开关压板未投。主变压器三侧遥测有功、无功电流为 0，220kV 2252、2254、2256、2223、2202、2258 开关在分位，相应跳闸线路遥测有功、无功电流为 0，35kVⅠ母线电压遥测值为 0

原因分析：初步判断因安定站 2 号主变压器 50331 刀闸和 TA 之间 A 相发生永久性接地故障，属于主变压器差动保护范围内故障，2 号主变压器差动保护动作，由于 2 号主变压器差动保护跳 2202 开关压板未投，2202 开关未跳开，起动失灵保护借 220kV 母线保护出口一时限跳母联 2212 开关、2223 开关，二时限跳开Ⅱ母线上所接其他所有开关，又由于 2212 开关 SF$_6$ 压力低闭锁，并且不考虑二级失灵，因此需要等待 1 号主变压器中压侧后备保护延时跳主变压器三侧开关，但是失灵保护二时限跳开 2202 开关后，故障点隔离，主变压器中后备保护返回，最终形成母联 2212 开关空充 220kVⅡ母线

处理思路：汇报调度异常故障情况，然后通知运维人员去现场检查。
（1）安定站 500kV 1 号主变压器三侧开关及本体设备。
（2）安定站 2112 气压是否降低到闭锁值。
（3）1 号主变压器保护动作情况及 220kVⅡ母线差动保护动作情况。
（4）220kVⅡ母线间隔单元跳开的开关设备

汇报 2：

现场检查情况：220kVⅠ、Ⅱ母联 2212 开关 A 相 SF$_6$ 压力低闭锁，2 号主变压器 50331 刀闸合 TA 之间永久性 A 相接地故障，2 号主变压器两套差动保护跳 2202 开关压板退出。
（1）安定站检查 2212 开关，现场汇报 SF$_6$ 压力降低至 0.4MPa。
（2）检查 500kV 2 号主变压器本体及三侧开关及 35kVⅠ母线设备情况，现场检查正在检查中；2 号主变压器 50331 刀闸合 TA 之间永久性 A 相接地故障，检查安定 220kVⅡ母线间隔单元跳开设备 2252、2254、2256、2258、2202 开关及相关刀闸，现场汇报一切正常；检查 2 号主变压器保护，2 号主变压器两套差动保护跳 2202 开关压板退出，220kVⅡ母差差动保护正常

处理过程：将 2 号主变压器、母联 2212 开关改为冷备用，恢复 220kVⅡ母送电；隔离故障点，2 号主变压器改冷备用。
（1）拉开 3 号电抗器 3523 开关。
（2）拉开 2 号站用变压器 3520 开关。
（3）拉开 5032 开关两侧刀闸。
（4）拉开 5033 开关两侧刀闸。
（5）拉开 2 号主变压器 2202 开关两侧刀闸。
（6）拉开 35kV 开关 35026 刀闸。
（7）将安定变 220kV 母联 2212 开关改为非自动。
（8）检查母联 2212 开关无流。
（9）拉开安定变压器 220kV 母联 22122 刀闸。
（10）拉开安定变压器 220kV 母联 22121 刀闸。
（11）合上安定变压器 220kV 母联 2223 开关。
（12）合上安昭Ⅱ线 2258 开关。
（13）合上安归Ⅱ线 2256 开关。
（14）合上安永Ⅱ线 2254 开关。
（15）合上安嘉Ⅱ线 2252 开关。
（16）2 号主变压器第一套保护跳 2202 开关出口压板。
（17）投入 2 号主变压器第二套保护跳 2202 开关出口压板

具体操作记录：
（1）所有告警确认。
（2）检查相关开关、刀闸位置。

（3）相关设备遥信对位。

（4）检查相关设备相电压、相间电压。

（5）检查相关设备相电流、有功功率、无功功率、功率因数。

（6）检查相关设备光字牌。

（7）询问现场检查设备情况。

（8）操作恢复现场运行方式。

主变压器后备保护动作后，应明确主变压器后备保护保护检查范围。线路开关保护动作，开关未跳开的原因分析，对于开关机构正常，应结合二次可能的原因进行分析。

十二、500kV 变电站外网线高压电抗器内部 A 相接地，相应中开关拒动下的保护动作情况

案例： 朝阳站武朝Ⅰ线高压电抗器内部 A 相接地，5032 开关拒动，1 号主变压器跳 3501 开关出口压板未投。

监控系统告警窗报文：略。

汇报 1：

异常故障现象：

（1）朝阳站：武朝Ⅰ线高压电抗器内部 A 相接地故障，高压电抗器两套差动保护和重瓦斯保护动作跳本侧和对侧开关，高压电抗器保护启动远跳；武朝Ⅰ线两套主保护及后备保护动作，由于 5032 开关未跳开，起动中开关失灵，跳 5031 开关和 1 号主变压器三侧开关 2202 开关跳开，又由于 1 号主变压器非电气量保护跳 3501 开关压板未投，1 号主变压器低压侧开关未跳开，35kV Ⅰ母线电压为 0。

（2）武定站：500kV 武朝Ⅰ线路两套主保护及后备保护动作，5013、5012 开关 A 相跳闸，远方跳闸保护动作，5041、5042 开关三相跳闸。500kV 武朝Ⅰ线有功、无功、电流遥测值为 0

原因分析：

（1）安定站：武朝Ⅰ线高压电抗器内部 A 相接地故障，高压电抗器差动保护和重瓦斯保护动作跳本侧和对侧开关，由于 5032 开关未跳开，起动中开关失灵，跳开 5031 开关和 1 号主变压器三侧开关，又由于 1 号主变压器电气量保护跳 3501 开关压板未投，1 号主变压器低压侧开关未跳开，但是故障点已经隔离且 1 号主变压器已失电，不会再由其他保护动作出口去跳 3501 开关。

（2）武定站：500kV 武朝Ⅰ线路两套主保护及后备保护动作，5041、5042 开关 A 相跳闸，远方跳闸保护动作，5042、5041 开关三相跳闸

处理思路：汇报调度异常故障情况，然后通知运维人员去现场检查。

（1）朝阳站检查武朝Ⅰ线间隔设备、高压电抗器、5031、5032、5033 开关，检查 1 号主变压器及三侧开关，检查 35kV Ⅰ母线设备，检查 5032 开关 SF₆ 现场压力值，武朝Ⅰ线高压电抗器保护和 1 号主变压器差动保护动作范围内的所有一、二次设备进行检查。

（2）武定站：检查 500kV 武朝Ⅰ线间隔单元设备，保护动作范围内的所有 5042、5041 开关设备进行检查

汇报 2：

现场检查情况：

（1）朝阳站对 5031、5032、5033 开关间隔进行检查，对武朝Ⅰ线站内高压电抗器设备、1 号主变压器检查，检查站用变备自投是否正常，朝阳站武朝Ⅰ线高压电抗器故障，5032 开关拒动，1 号主变压器非电气量保护跳 3501 开关压板未投，检查 5032 开关，现场汇报 SF₆ 压力降低至 0.4MPa。

（2）武定站检查 500kV 武朝Ⅰ线间隔单元设备，保护动作范围内的所有 5042、5041 开关设备正常

处理过程：
(1) 解锁拉开朝阳站 5032 开关两侧隔离刀闸。
(2) 拉开朝阳站 5033 开关两侧隔离刀闸。
(3) 将武朝Ⅰ线对侧 5041 和 5042 开关改为冷备用。
(4) 将武朝Ⅰ线由冷备用改为检修。
(5) 拉开朝阳变电站 5033K 刀闸。
(6) 合上朝阳变电站 5033K17 接地刀闸。
(7) 投入 1 号主变压器非电气量保护跳 3501 开关压板。
(8) 拉开 1 号主变压器 3501 开关。
(9) 拉开 1 号电抗器 3513 开关。
(10) 拉开 1 号站用变压器 3510 开关。
(11) 合上朝阳变 1 号主变压器 5031 开关。
(12) 合上 1 号主变压器 3501 开关。
(13) 合上 1 号主变压器 2201 开关。
(14) 合上 1 号站用变压器 3510 开关。
(15) 恢复站用变压器 400V 母线正常供电方式。
(16) 根据电压情况决定是否投切电抗、电容器

具体操作记录：
(1) 所有告警确认。
(2) 检查相关开关、刀闸位置。
(3) 相关设备遥信对位。
(4) 检查相关设备相电压、相间电压。
(5) 检查相关设备相电流、有功功率、无功功率、功率因数。
(6) 检查相关设备光字牌。
(7) 询问现场检查设备情况。
(8) 操作恢复现场运行方式。

在线路高压电抗器内部发生故障时，跳开本侧开关时开关拒动会启动该开关的失灵保护。同杆并架的线路需要将操作高压电抗器刀闸时，需要将线路改到检修状态下才能进行操作。

十三、变电站 500kV 中开关 TA 重叠区 B 相永久故障，对应线路第一套保护失电下的保护动作情况（考察重叠区故障情况）

案例：仪凤站 500kV 仪凤站仪通Ⅰ线第一套 RCS931 保护失电，5012 开关 TA 重叠区 B 相永久故障（50122 闸刀侧），仪通Ⅰ线 PSL602 保护动作及仪凤站 2 号主变压器两套差动保护动作，仪通Ⅰ线及仪凤站 2 号主变压器跳闸。

监控系统告警窗报文：略。

汇报 1：

异常故障现象：
(1) 5012 开关 TA 重叠区 B 相永久故障（50122 闸刀侧），2 号主变压器两套主保护动作，跳开 5012、5013、2202、3501 开关，仪通Ⅰ线两套主保护及后备保护动作（重叠区），5011、5012 开关 A 相跳闸，5012 三相已跳开，5011 开关重合闸动作，重合成功，2 号主变压器三侧，有功、无功、电流遥测值为 0，35kVⅡ母线电压为 0。
(2) 通济站仪通Ⅰ线线路故障，500kV 仪通Ⅰ线两套主保护及后备线路保护动作，5022、5022 开关 B 相跳闸，5021、5022 开关重合闸动作，均合闸成功，5021、5022 开关三相在合位，线路有功、无功、电流遥测值正常

原因分析：

(1) 初步判断因仪凤站 5012 开关 TA 重叠区 B 相永久故障（50122 闸刀侧），2 号主变压器两套主保护动作，跳开 5012、5013、2202、3501 开关，仪通Ⅰ线两套主保护及后备保护动作（重叠区），5011、5012 开关 A 相跳闸，5012 三相已跳开，5011 开关重合闸动作，重合成功。

(2) 通济站仪通Ⅰ线线路故障，500kV 仪通Ⅰ线两套主保护及后备线路保护动作，5022、5022 开关 B 相跳闸，5021、5022 开关重合闸动作，均合闸成功

处理思路：汇报调度异常故障情况，然后通知运维人员去现场检查。

(1) 仪凤站 500kV 2 号主变压器差动范围内间隔设备及 35kVⅡ母线情况，仪通Ⅰ线间隔单元设备、5011 开关单元设备；2 号主变压器两套保护动作情况，5011、5012、5013 开关保护动作情况。

(2) 通济站仪通Ⅰ线间隔单元设备、5021、5022 开关单元设备及仪通Ⅰ线两套线路保护及 5021、5022 开关保护

汇报 2：

现场检查情况：

(1) 仪凤站 5012 开关 TA 与 50122 闸刀间放电痕迹，500kV 2 号主变压器差动范围内间隔设备及 35kVⅡ母线设备检查正常，可进行试送。仪通Ⅰ线间隔单元设备、5011 开关单元设备检查正常；2 号主变压器两套保护动作正确，5011、5012、5013 开关保护动作正确。

(2) 通济站仪通Ⅰ线间隔单元设备、5021、5022 开关单元设备检查正常，仪通Ⅰ线两套线路保护及 5021、5022 开关保护动作正确

处理过程：

(1) 拉开仪凤站 50121、50122 刀闸，将故障点隔离。

(2) 拉开 3524、3520 开关。

(3) 合上仪凤站 2 号主变压器 5013 开关试送 2 号主变压器成功。

(4) 合上仪凤站 2 号主变压器 2202、3502 开关合环

具体操作记录：

（1）所有告警确认。

（2）检查相关开关、刀闸位置。

（3）相关设备遥信对位。

（4）检查相关设备相电压、相间电压。

（5）检查相关设备相电流、有功功率、无功功率、功率因数。

（6）检查相关设备光字牌。

（7）询问现场检查设备情况。

（8）操作恢复现场运行方式。

十四、变电站主变压器高压侧开关死区故障，主变压器差动保护压板漏投，同一串线路保护正常动作，主变压器中压侧开关及分段开关拒动事故处理情况

案例：崇文站 2201 开关 SF_6 低气压闭锁；5022 开关死区 C 相故障（5022 开关与 50221 闸刀之间）；1 号主变压器 35kV 侧 35016 闸刀侧 B 相单相接地；3501 开关断路器辅助接点异常；1 号主变压器第一、二套差动保护压板漏投；2213 开关第一、二组控制电源断线。

监控系统告警窗报文：略。

汇报 1：

异常故障现象：

(1) 崇文站：35kV I 母线单相接地，主变压器保护不动作，5022 开关死区 C 相故障，主变压器两套差动保护由于压板未投入，没有动作，中崇 II 线两套主保护及后备保护动作，跳开 5022、5023 开关 B 相，5022 开关死区失灵保护动作出口，联跳 5021、5022、5023 开关三相及 1 号主变压器中低压侧开关，2202 开关拒动，220kV I 母第一、二套失灵启动出口保护动作，跳开 2212、2251、2253、2255 开关，向中崇 II 线对侧发远跳信号，对侧 5032、5033 开关三跳，2213 开关第一、二组控制电源断线拒动；220kV III 母第一、二套失灵启动出口保护动作，跳开 2234、2257、2259 开关。220kV I、II 母失电，220kV I、II 母线上的 2212、2251、2253、2255、2234、2257、2259 线有功、无功、电流遥测值为 0，220kV I、II 母线电压为 0。

(2) 中山站中崇 II 线线路保护收到 500kV 中崇 II 线对侧（崇文站）远跳信号，并满足本侧保护启动条件，本侧远跳就地判别出口动作，500kV 中崇 II 线 5032、5033 开关三相在分位。中崇 II 线线路有功、无功、电流遥测值为 0

原因分析：

(1) 初步判断崇文站 35kV I 母线单相接地，主变压器保护不动作，5022 开关死区 C 相故障，主变压器两套差动保护由于压板未投入，没有动作，中崇 II 线两套主保护及后备保护动作，跳开 5022、5023 开关 B 相，5022 开关死区失灵保护动作出口，联跳 5021、5022、5023 开关三相及 1 号主变压器中低压侧开关，2202 开关拒动，220kV I 母第一、二套失灵启动出口保护动作，跳开 2212、2251、2253、2255 开关，向中崇 II 线对侧发远跳信号，对侧 5032、5033 开关三跳，2213 开关第一、二组控制电源断线拒动；220kV III 母第一、二套失灵启动出口保护动作，跳开 2234、2257、2259 开关，35kV I 母线失压，现场自行拉开 3510 开关、3514 开关。

根据保护动作情况、开关跳闸情况，现场检查情况，判断故障为 5022 开关死区 C 相故障（5022 开关与 50221 闸刀之间）。故障相为 B 相。

(2) 中山站：收到 500kV 中崇 II 线对侧（崇文站）远跳信号，并满足本侧保护启动条件，本侧远跳就地判别出口动作，500kV 中崇 II 线 5032、5033 开关三相在分位。35kV 1 号站用变压器高压侧失电，站用电备自投动作，1 号站用变压器 381 低压开关分闸，3810 低压开关合闸，动作逻辑正确

处理思路：汇报调度异常故障情况，然后通知运维人员去现场检查。

(1) 崇文站 500kV 1 号本体及三侧间隔设备，2201 开关 SF₆ 气压是否降低到闭锁值，220kV I、II 母线及相连设备，2113 开关及其保护情况，检查 1 号主变压器两套保护、中崇 II 线两套保护、5021、5022、5023 开关保护动作情况。

(2) 中山站中崇 II 线间隔单元设备、5032、5033 开关单元设备及线路和开关保护动作情况

汇报 2：

现场检查情况：

(1) 崇文站：5022 开关死区 C 相故障（5022 开关与 50221 闸刀之间）；500kV 1 号本体及三侧间隔设备除 35016 刀闸侧 B 相单相接地外，其他一切正常；2201 开关 SF₆ 气压降低到闭锁值，1 号主变压器第一、二套差动保护压板漏投；3501 开关断路器辅助接点卡涩；220kV I、II 母线及相连设备检查正常，2213 开关第一、二组控制电源断线，检查 1 号主变压器两套保护、中崇 II 线两套保护、5021、5022、5023 开关保护动作情况正确。

(2) 中山站：中崇 II 线间隔单元设备正常、5032、5033 开关单元设备及线路和开关保护动作正确

处理过程：

(1) 将崇文站 2201 开关改为冷备用或检修（解锁），隔离该拒动开关。

(2) 将崇文站 2213 开关改为冷备用或检修（解锁），隔离该拒动开关。

(3) 将崇文站 5021、5022 开关改为冷备用或检修，隔离故障点。

(4) 将崇文站 3501 开关改为冷备用或检修，隔离该无位置指示开关。

(5) 投入 2212 开关充电保护。

(6) 用崇文站 2212 开关冲击 220kV I 母线运行正常。

(7) 退出 2212 开关充电保护。

(8) 依次恢复 2251、2253、2255 开关运行。

(9) 投入 2234 开关充电保护。

(10) 用崇文站 2234 开关冲击 220kV III 母线运行正常。

(11) 退出 2234 开关充电保护。

(12) 依次恢复 2257、2259 开关运行。

(13) 合上 5023 开关，恢复 500kV 中崇 II 线运行。

(14) 将 1 号主变压器转检修。

(15) 许可崇文站 5022 开关、2201 开关、2213 开关、3501 开关、3502 开关及 1 号主变压器检修工作并置牌

具体操作记录：

（1）所有告警确认。

（2）检查相关开关、刀闸位置。

（3）相关设备遥信对位。

（4）检查相关设备相电压、相间电压。

（5）检查相关设备相电流、有功功率、无功功率、功率因数。

（6）检查相关设备光字牌。

（7）询问现场检查设备情况。

（8）操作恢复现场运行方式。

十五、500kV 变电站 35kVⅡ 母线 A 相接地，35026 开关侧 B 相接地，对应边开关侧死区故障事故处理情况

案例：500kV 正阳站 2 号变压器第一套差动保护功能退出；2202 开关控制电源 1、2 退出；35kV 2 母线 A 相接地；35026 开关侧 B 相接地；5013 开关侧死区故障（50132 侧）；50132 刀闸分闸卡涩。

监控系统告警窗报文：略。

汇报 1：

异常故障现象：

（1）正阳站 500kV 2 号变压器第二套差动保护动作跳闸，跳开 5022、5023、3502 开关，2202 开关未跳开，5013 开关死区保护动作失灵保护启动 500kVⅡ 母线第一、二套失灵保护保护动作，跳开 5052、5043、5033、5013 开关，5013 开关失灵联跳 5012 开关，正广Ⅰ线第一、二套主保护及后备保护动作；500kV 正广Ⅰ线有功、无功、电流遥测值为 0，500kVⅡ 母线电压为 0；35kVⅡ 母线电压为 0。

（2）正阳站正广Ⅰ线第一、二套主保护及后备保护动作及远方跳闸保护动作，跳相应开关；500kV 正广Ⅰ线有功、无功、电流遥测值为 0

原因分析：初步判断因朝阳站 2 号变压器高压侧、低压侧开关跳闸、500kV 2 母线开关跳闸，2 号变压器由 2202 开关空充运行，初步分析为死区故障或 35kV 故障，通过信号核查发现 2 号变压器第一套差动保护未动作，以及 2202 开关未跳闸原因需进一步核实

处理思路：汇报调度异常故障情况，然后通知运维人员去现场检查。

（1）正阳站 500kVⅡ 母线相连开关间隔设备，2 号主变压器三侧开关及 35kVⅡ 母线设备，2 号主变压器两套保护、500kVⅡ 母线两套保护，5022、5023、5013、5013 开关保护动作情况。

（2）广安站安仪正广Ⅰ线间隔单元设备、5031、5032 开关单元设备

汇报 2：

现场检查情况：

（1）正阳站 2 号变压器第一套差动保护功能退出，2202 开关控制电源 1、2 空气开关跳开 35kV 2 母线 A 相接地、35026 开关侧 B 相接地，50132 开关侧死区故障，50132 刀闸分闸卡涩，其他 500kVⅡ 母线相连开关间隔设备，2 号主变压器三侧开关及 35kVⅡ 母线设备检查正常，2 号主变压器两套保护、500kVⅡ 母线两套保护，5022、5023、5013、5013 开关保护动作正确。

（2）广安站安仪正广Ⅰ线间隔单元设备、5031、5032 开关单元设备检查正常

处理过程：
(1) 正阳站拉开 50131、50132 刀闸，50132 刀闸拉不开。
(2) 正阳站将 500kVⅡ母线转检修。
(3) 正阳站将 35kVⅠ母线及 3502 开关转检修。
(4) 广安站试送正广Ⅰ线。
(5) 正阳站合上 5012 开关。
(6) 正阳站投入 2 号变压器第一套差动保护功能，投入 2202 控制电源 1、2 空气开关。
(7) 正阳站拉开 2202 开关（不告诉 35kV 接地情况下，合上 5012 开关、3502 开关，2 号变压器差动保护跳闸跳开三侧开关）。
(8) 正阳站用 5022 开关对 2 号主变压器送电。
(9) 正阳站合上 2202 开关。
(10) 正阳站将 5013 开关、500kV 2 母线、3502 开关及 35kV 2 母线转检修

具体操作记录：

(1) 所有告警确认。

(2) 检查相关开关、刀闸位置。

(3) 相关设备遥信对位。

(4) 检查相关设备相电压、相间电压。

(5) 检查相关设备相电流、有功功率、无功功率、功率因数。

(6) 检查相关设备光字牌。

(7) 询问现场检查设备情况。

(8) 操作恢复现场运行方式。

十六、500kV 变电站 220kV 线路开关 SF₆ 压力低闭锁及线路相间永久性故障，分段开关与 TA 之间 A 相接地故障事故处理情况

案例：500kV 正阳站 220kV 正九二线 2254 开关 SF₆ 压力低闭锁，220kV 正九二线 2254 线路相间永久性故障，分段 2213 开关与 TA（靠Ⅲ母）之间 A 相接地，Ⅲ母母差保护跳正天一线 2257 开关出口压板未投。

监控系统告警窗报文：略。

汇报 1：

异常故障现象：正阳站 220kV 正久Ⅱ线路故障，线路两套主保护及后备保护动作，跳 2254 开关，2254 开关失灵启动 220kVⅡ母线两套失灵保护动作，跳 2212、2224、2213、2252 开关，220kVⅢ母第一、二套母差保护动作，2255、2257，2257 开关未跳开（2234、2213 开关已跳开）220kVⅡ、Ⅲ母失压

原因分析：
(1) 初步判断因 220kV 正九二线 2254 线路相间永久性故障，由于 2254 开关闭锁，启动 220kVⅡ母失灵动作跳 220kVⅡ母，，跳 2212、2224、2213、2252 开关，开关造成 220kVⅡ母失压。
(2) 分段 2213 开关与 TA（靠Ⅲ母）之间 A 相接地；220kV 1 号母联死区保护动作，跳 220kVⅢ母，跳 2234、2255，造成 220kVⅢ母失压，由于Ⅲ母母差保护跳 2257 开关出口压板未投，故 2257 未跳闸

处理思路：汇报调度异常故障情况，然后通知运维人员去现场检查。
(1) 正阳站 220kVⅡ、Ⅲ母线相连开关间隔设备，2254 开关 SF₆ 气压是否降低到闭锁值，2257 开关单元设备、2252、、2212、2224、2234、2213 开关间隔设备及正久Ⅱ线线路巡视。
(2) 正阳站正久Ⅱ线线路两套保护及 220kVⅡ、Ⅲ母线两套母差保护动作情况

汇报 2：

现场检查情况：

(1) 正阳站 220kV Ⅰ、Ⅲ 母分段开关与 TA（靠 Ⅲ 母）之间 A 相接地，Ⅱ、Ⅲ 母线相连开关间隔其他设备正常，2254 开关 SF$_6$ 气压已降低到闭锁值，2257 开关单元设备、2252、2212、2224、2234、2213 开关间隔设备检测正常，Ⅲ 母母差保护跳正天一线 2257 开关出口压板未投。

(2) 正阳站正久Ⅱ线线路两套保护及 220kV Ⅱ、Ⅲ 母两套母差保护动作正确。

(3) 通知巡线，现场汇报正久Ⅱ线 A、B 相接地故障，不具备运行条件

处理过程：

(1) 将分段 2213 由热备用转冷备用，隔离 2213 开关（隔离前检查 220kV Ⅰ、Ⅱ 母分段开关电流为零）。

(2) 断开 2254 开关控制电源，拉开分段 2224 开关，将 220kV 正九二线 2254 由运行转冷备用，隔离 2254 开关（隔离前检查 220kV Ⅱ 母和 2224 开关电流为零）。

(3) 拉开 2257 开关，投入 Ⅲ 母母差保护跳正天一线 2257 开关出口压板。

(4) 用 2212 开关对 220kV Ⅱ 母充电，检查母线Ⅱ电压正常（先投充电保护）。

(5) 用母联 2212 开关对 220kV Ⅱ 母充电，检查母线电压正常。

(6) 恢复 220kV Ⅱ 母负荷，合上 2252 开关。

(7) 合上母联 2234 开关对 220kV Ⅲ 母充电，检查母线电压正常（先投充电保护）。

(8) 合上分段 2224 开关，检查回路电流正常。

(9) 恢复 220kV Ⅲ 母负荷，合上 2255、2257 开关，检查线路充电正常

具体操作记录：

(1) 所有告警确认。

(2) 检查相关开关、刀闸位置。

(3) 相关设备遥信对位。

(4) 检查相关设备相电压、相间电压。

(5) 检查相关设备相电流、有功功率、无功功率、功率因数。

(6) 检查相关设备光字牌。

(7) 询问现场检查设备情况。

(8) 操作恢复现场运行方式。

十七、500kV 变电站 35kV 1 母 B 相接地故障，1 号主变压器匝间短路故障，500kV 一边开关 5023 开关保护装置故障（两组控制回路断线，拒动），对应永久性 AC 相相间故障事故处理情况

案例：500kV 崇文站 35kV 1 母 B 相接地故障，1 号主变压器匝间短路故障，500kV 中崇Ⅱ线 5023 开关保护装置故障（两组控制回路断线），500kV 中崇Ⅱ线永久性 AC 相相间接地故障。

监控系统告警窗报文：略。

汇报 1：

异常故障现象：

(1) 35kV Ⅰ 母线接地故障，1 号主变压器两套差动保护动作，跳主变压器三侧 5021、5022、2201、3501 开关，500kV 中崇Ⅱ线两套主保护及后备保护动作，跳 5022、5023 开关三相，5022 开关已跳开，5023 开关失灵保护动作，启动中崇Ⅱ线两套远跳保护，500kV Ⅱ 母两套失灵保护出口，跳开 5043、5033、5013 开关，500kV 中崇Ⅱ有功、无功、电流遥测值为 0，500kV Ⅱ 母线电压为 0，35kV Ⅱ 母线电压为 0。

(2) 中山站中崇Ⅱ线线路故障，500kV 中崇Ⅱ线两套主保护及后备线路保护动作，500kV 中崇Ⅱ线两套远方跳闸保护动作，5032 开关、5033 开关跳开，500kV 中崇Ⅱ线有功、无功、电流遥测值为 0

原因分析：
(1) 崇文站：初步判断因 1 号主变压器两套差动保护动作，跳主变压器三侧 5021、5022、2201、3501 开关，500kV 伏中崇Ⅱ线两套主保护及后备保护动作，跳 5022、5023 开关三相，5022 开关已跳开，5023 开关失灵保护动作，启动中崇Ⅱ线两套远跳保护，500kVⅡ母两套失灵保护出口，跳 5043、5033、5013 开关。
(2) 中山站中崇Ⅱ线路故障，500kV 中崇Ⅱ线两套主保护及后备线路保护动作，500kV 中崇Ⅱ线两套远方跳闸保护动作，5032 开关、5033 开关跳开

处理思路：汇报调度异常故障情况，然后通知运维人员去现场检查。
(1) 崇文站 500kVⅡ线相连开关间隔设备，5023 开关不跳闸原因，中崇Ⅱ线间隔单元设备，1 号主变压器本体及三侧开关，35kVⅠ母线接地情况，1 号主变压器两套差动保护，500kVⅡ母两套母差保护、5021、5022、5023 开关保护动作情况。
(2) 中山站中崇Ⅱ线线路间隔单元设备、5032、5033 开关单元设备及中崇Ⅱ线两套保护及 5032、5033 开关动作情况

汇报 2：

现场检查情况：汇报调度异常故障情况，然后通知运维人员去现场检查。
(1) 崇文站 500kVⅡ线相连开关间隔设备检查正常，5023 开关不跳闸原因两组控制电源空气开关断开，现场已试上，中崇Ⅱ线间隔单元设备正常，巡线发现 A、C 相间故障已处理，具备运行条件，1 号主变压器本体及三侧开关检查正常、35kVⅠ母线接地，1 号主变压器两套差动保护、500kVⅡ母两套母差保护、5021、5022、5023 开关保护动作正确。
(2) 中山站中崇Ⅱ线线路间隔单元设备、5032、5033 开关单元设备检查正常，中崇Ⅱ线两套保护及 5032、5033 开关动作正确。

处理过程：
(1) 崇文站拉开 5023、3514、3510 开关。
(2) 崇文站将 1 号主变压器三侧开关转冷备用。
(3) 崇文站合上 5033 开关，试送中崇Ⅱ线。
(4) 中山站合上 5032 开关。
(5) 崇文站恢复 500kVⅡ母线正常运行方式。
(6) 崇文站将 1 号主变压器转检修。
(7) 崇文站将 35kVⅠ母线转检修

具体操作记录：
(1) 所有告警确认。
(2) 检查相关开关、刀闸位置。
(3) 相关设备遥信对位。
(4) 检查相关设备相电压、相间电压。
(5) 检查相关设备相电流、有功功率、无功功率、功率因数。
(6) 检查相关设备光字牌。
(7) 询问现场检查设备情况。
(8) 操作恢复现场运行方式。

十八、500kV 变电站一中开关 1025ms 拒动，500kV 对应线路 B 相单相 0ms 接地故障，200ms 后对应线路 A、B 相接地故障；1658ms 对应线路 A 相单相接地故障情况下保护动作情况

案例：正阳站 5012 开关 1025ms 拒动，500kV 正广Ⅰ线 B 相单相接地故障，200ms 后正阳Ⅰ线 A、B 相接地故障；1658ms 正阳Ⅰ线 A 相单相接地故障。

监控系统告警窗报文：略。

汇报1：

异常故障现象：
（1）正阳站：500kV正广Ⅰ线路故障，正广Ⅰ线两套主变压器保护，线路两套主保护及后备保护拒动，跳5012、5013开关，5012开关未跳开，5012开关失灵保护动作，失灵启动1号主变压器两套开关失灵联跳保护出口跳主变压器三侧开关，5011、2201、3501开关跳闸，1号主变压器三侧开关电流为0，35kVⅠ母线电压为0。
（2）广安站：500kV正广Ⅰ线故障，正广Ⅰ线两套主保护、后备保护及远方跳闸保护动作，5031、5032开关分闸。正广Ⅰ线有功、无功、电流为0

原因分析：
（1）正阳站：初步判断因500kV正广Ⅰ线路故障，正广Ⅰ线两套主变压器保护，线路两套主保护及后备保护拒动，跳5012、5013开关，5012开关未跳开，5012开关失灵保护动作，失灵启动1号主变压器两套开关失灵联跳保护出口跳主变压器三侧开关，5011、2201、3501开关跳闸。
（2）广安站：500kV正广Ⅰ线故障，正广Ⅰ线两套主保护、后备保护及远方跳闸保护动作，5031、5032开关分闸

处理思路：汇报调度异常故障情况，然后通知运维人员去现场检查。
（1）正阳站500kV正广Ⅰ线间隔设备并巡线，5012开关SF$_6$气压是否降低到闭锁值，1号主变压器及其三侧开关设备，检查5013开关及两套线路保护动作情况。
（2）广安站检查正广Ⅰ线间隔单元设备、5031、5032开关单元设备。检查正广Ⅰ线两套保护及远方跳闸保护动作情况

汇报2：

现场检查情况：
（1）正阳站检查500kV正广Ⅰ线间隔设备正常，巡线答复为对侧广安站线路TA故障，5012开关SF$_6$气压已降低到闭锁值，1号主变压器及其三侧开关设备检查正常，检查5013开关及两套线路保护动作情况动作正确。
（2）广安站检查正广Ⅰ线间隔单元设备、5031、5032开关单元设备检查正常。检查正广Ⅰ线两套保护及远方跳闸保护动作正确

处理过程：
（1）正阳站隔离5012、5013开关，拉开50121、50122、50131、50132闸刀。
（2）正阳站拉开3510开关。
（3）正阳站拉开3514开关。
（4）正阳站合上5011开关冲击1号主变压器。
（5）正阳站合上3501开关。
（6）正阳站合上2201开关。
（7）正阳站合上3510开关。
（8）将正广Ⅰ线转冷备用

具体操作记录：

（1）所有告警确认。

（2）检查相关开关、刀闸位置。

（3）相关设备遥信对位。

（4）检查相关设备相电压、相间电压。

（5）检查相关设备相电流、有功功率、无功功率、功率因数。

（6）检查相关设备光字牌。

（7）询问现场检查设备情况。

（8）操作恢复现场运行方式。

第二十章 地调系统模拟接线图

地调系统模拟接线图如图 20-1～图 20-42 所示。

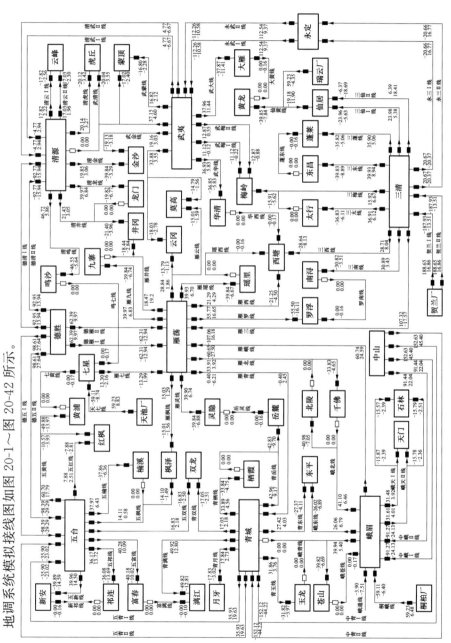

图 20-1 全网潮流图

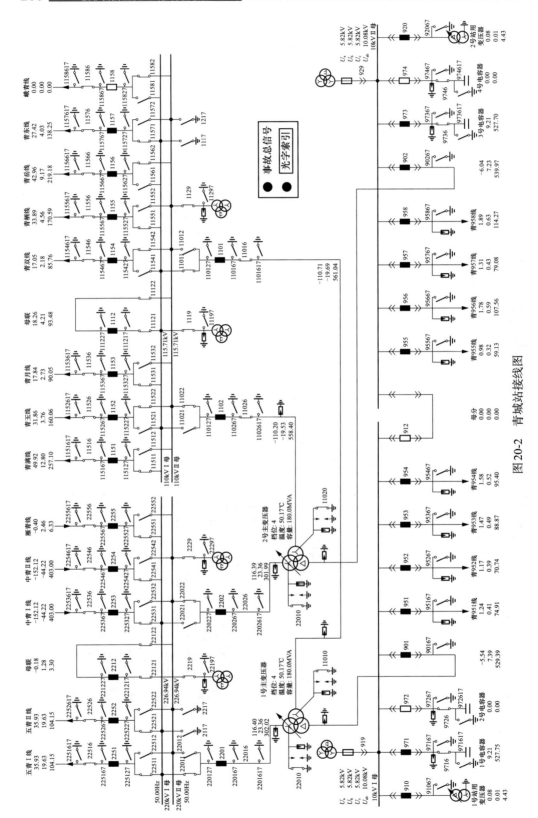

图20-2　青城站接线图

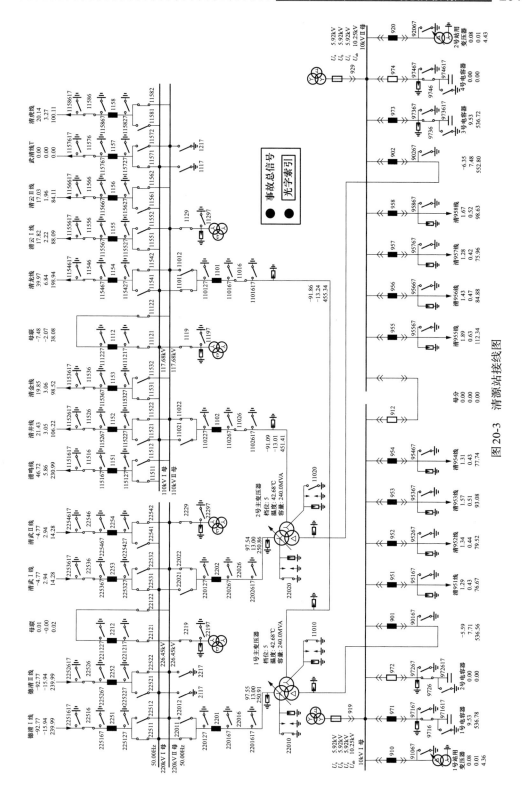

图 20-3 清源站接线图

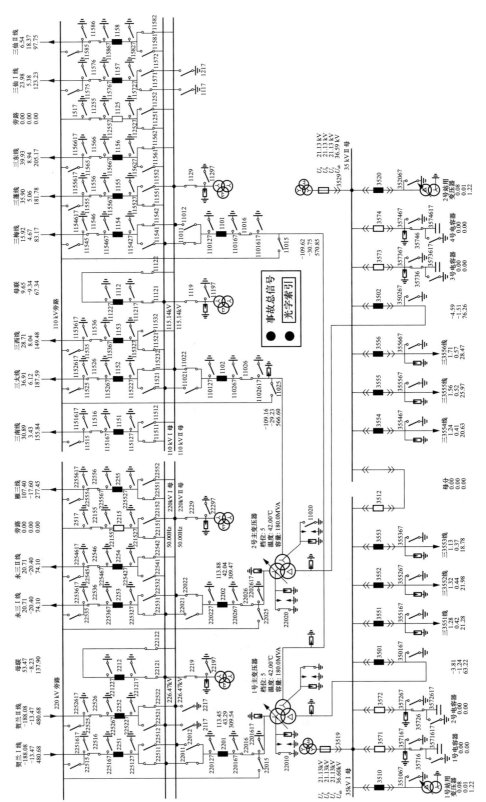

图 20-4 三清站接线图

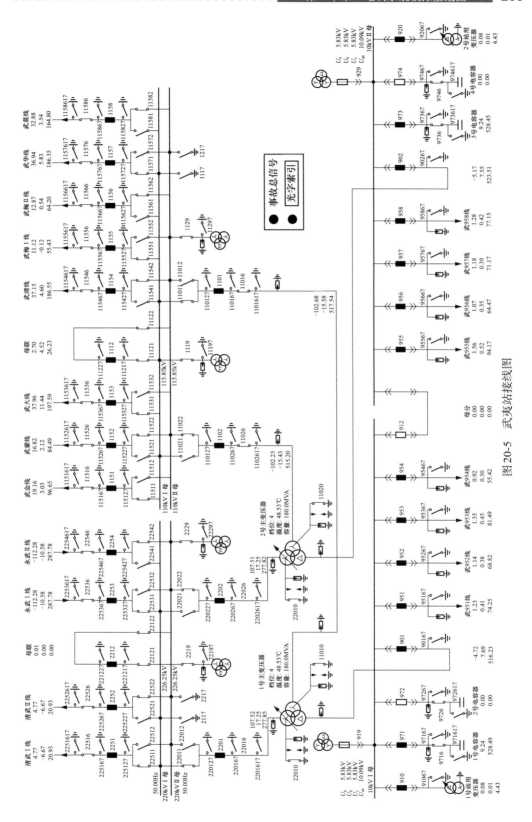

图20-5　武夷站接线图

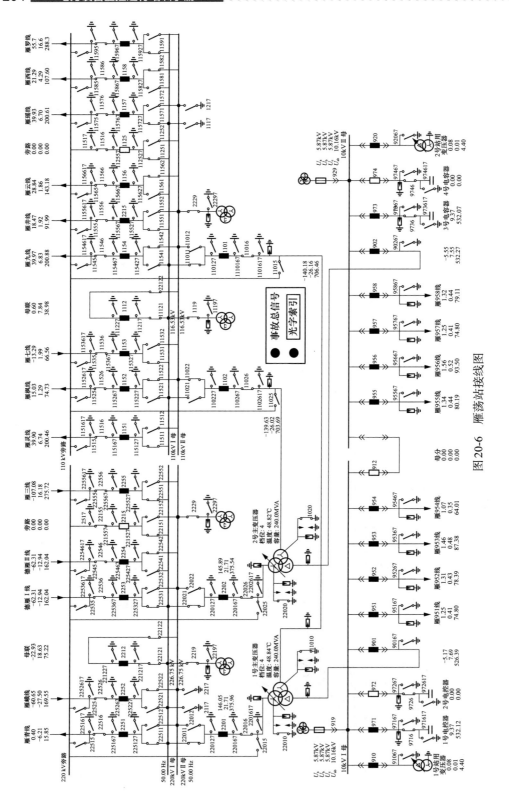

图 20-6　雁荡站接线图

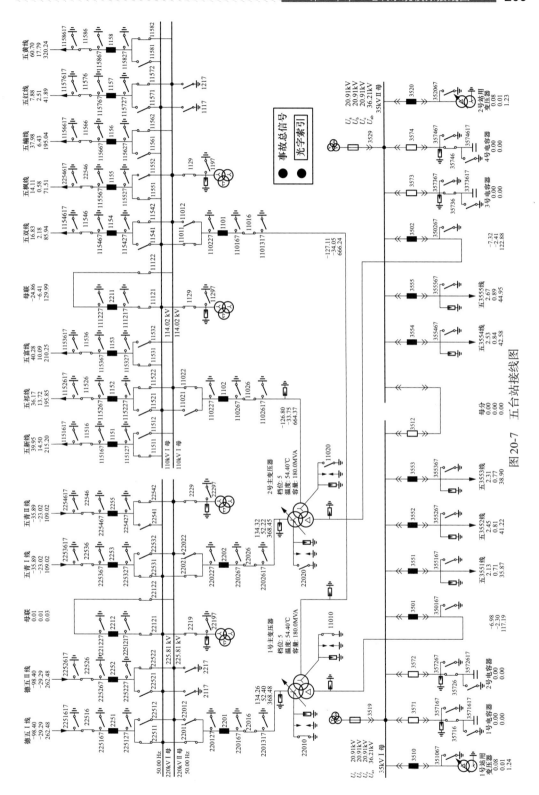

图20-7　五台站接线图

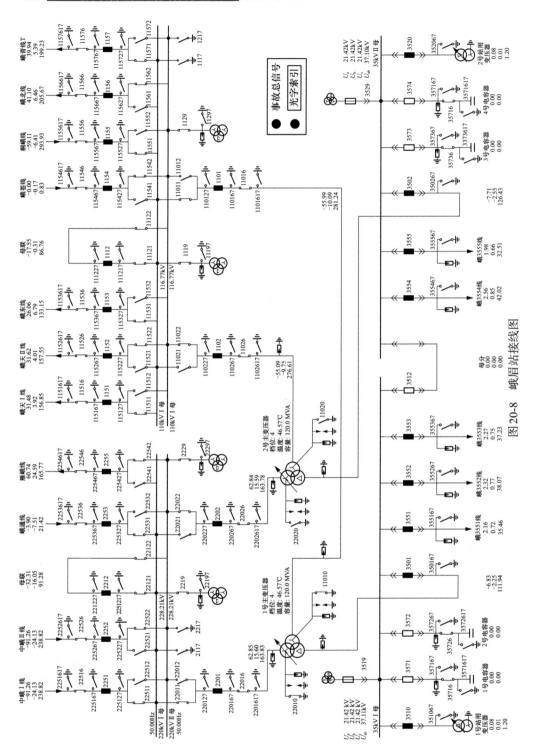

图20-8　峨眉站接线图

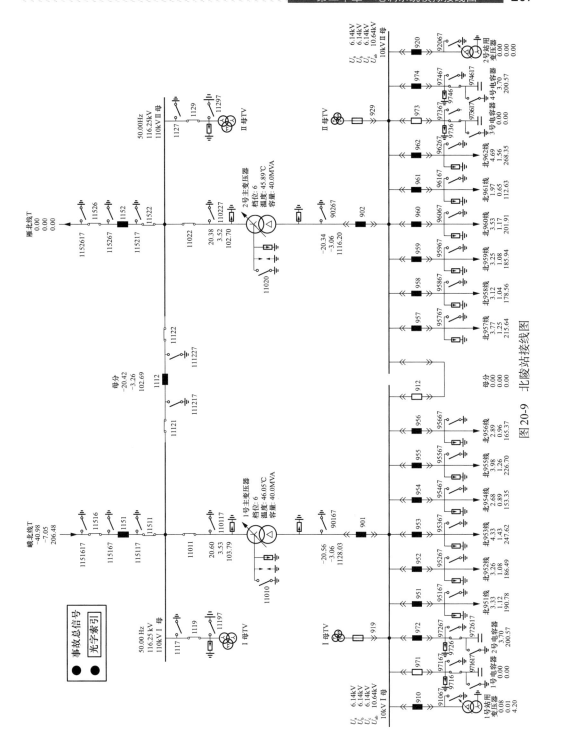

图 20-9 北陵站接线图

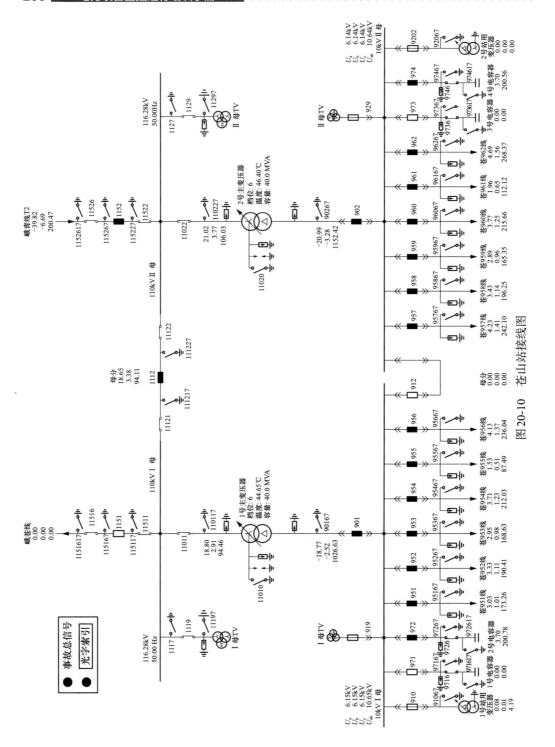

图 20-10 苍山站接线图

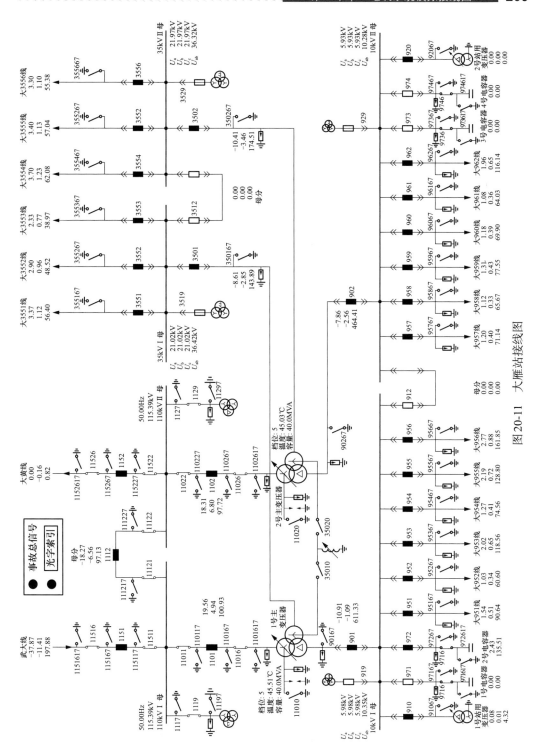

图20-11　大雁站接线图

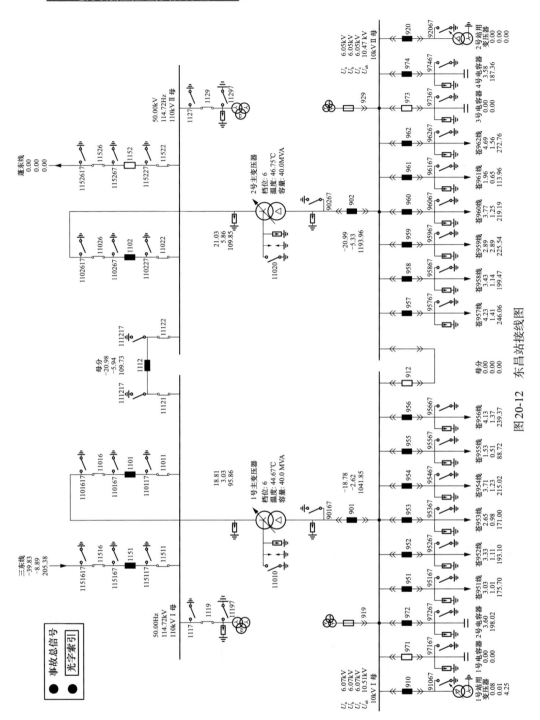

图 20-12 东昌站接线图

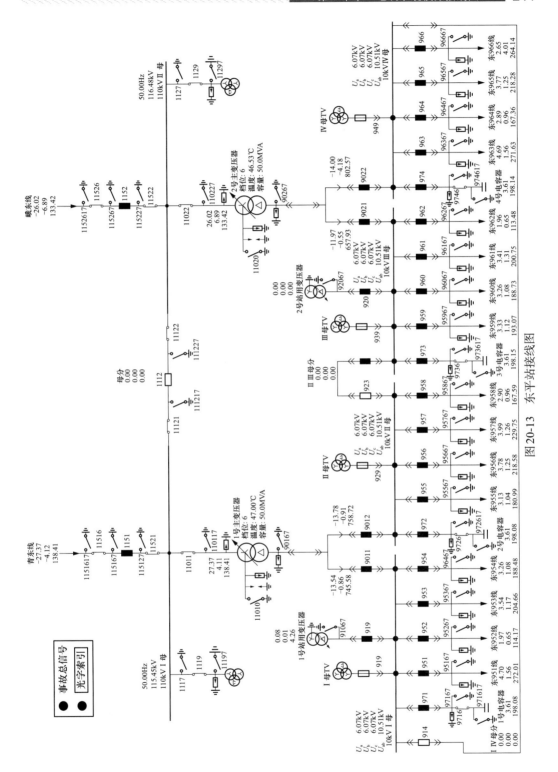

图 20-13　东平站接线图

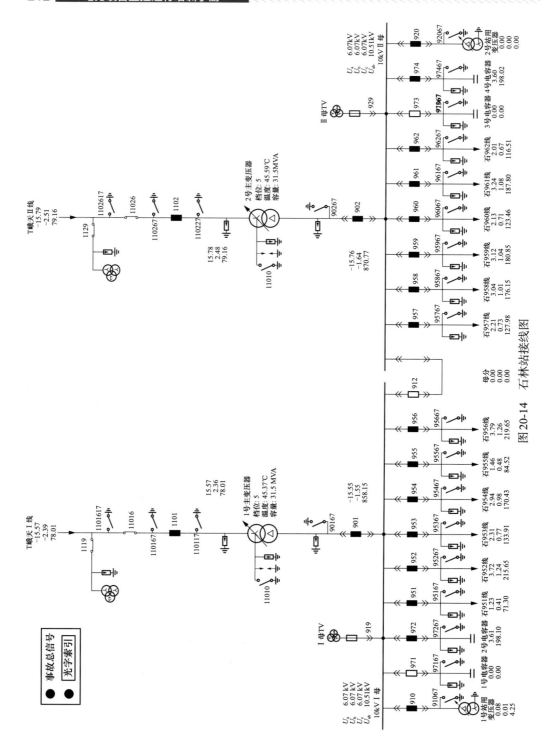

图 20-14　石林站接线图

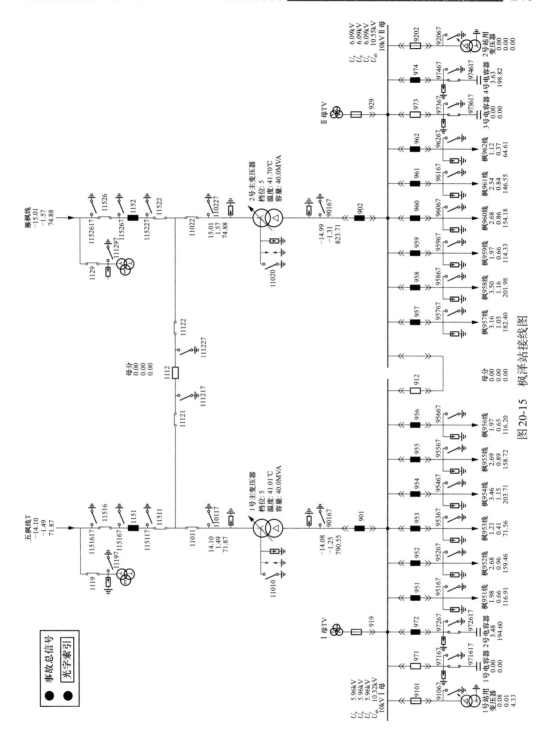

图 20-15 枫泽站接线图

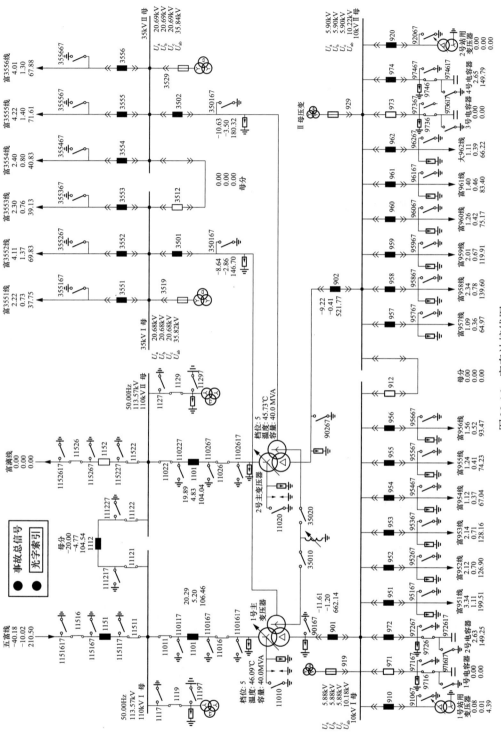

图 20-16　富春站接线图

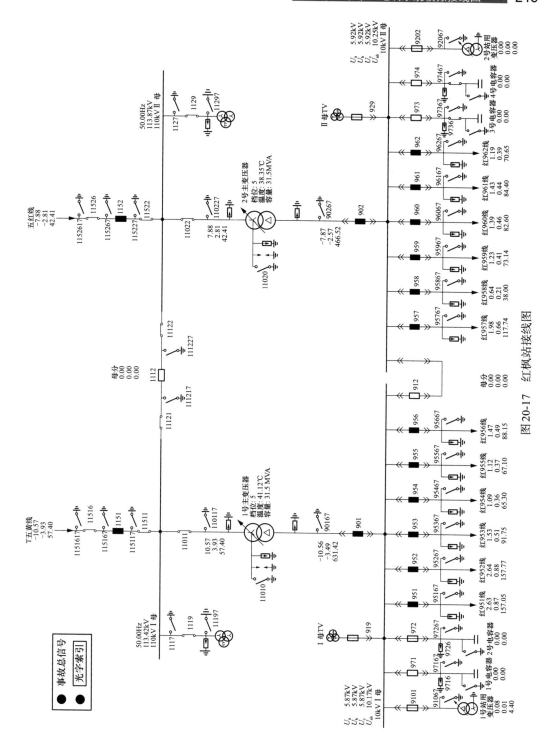

图20-17 红枫站接线图

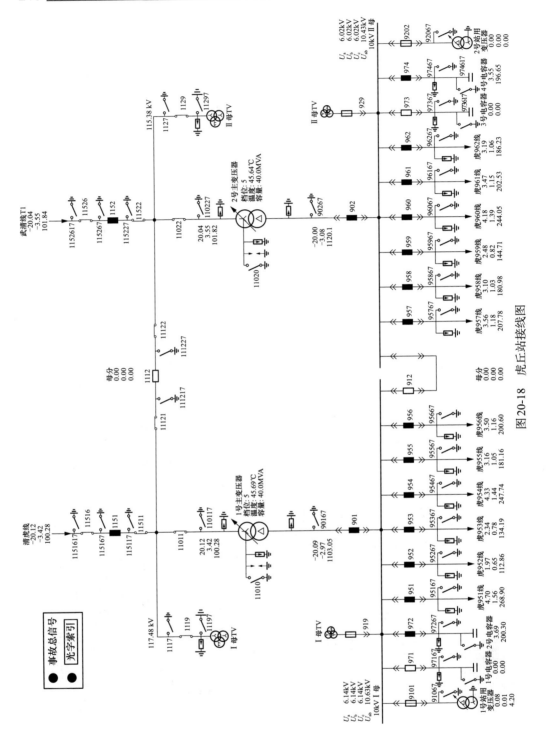

图20-18 虎丘站接线图

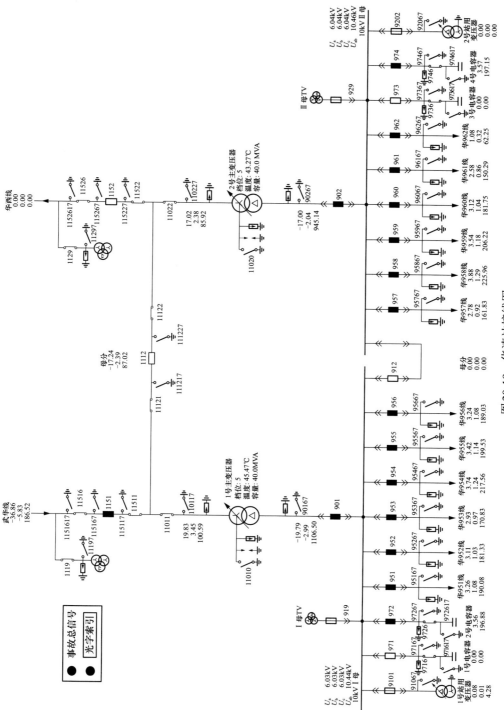

图20-19　华清站接线图

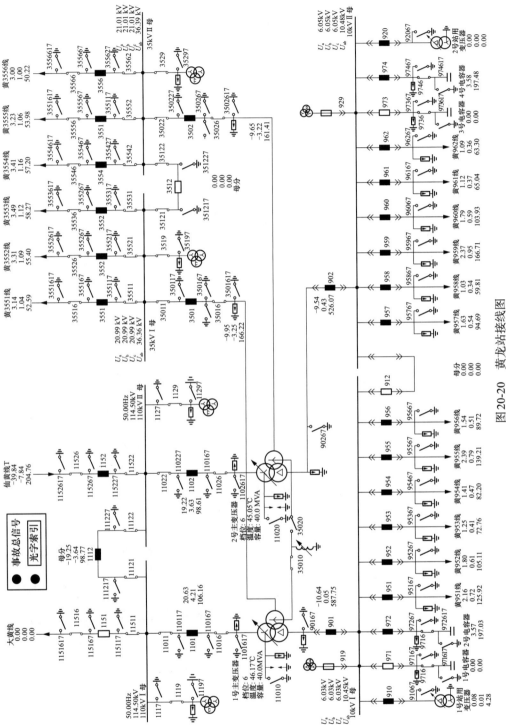

图 20-20　黄龙站接线图

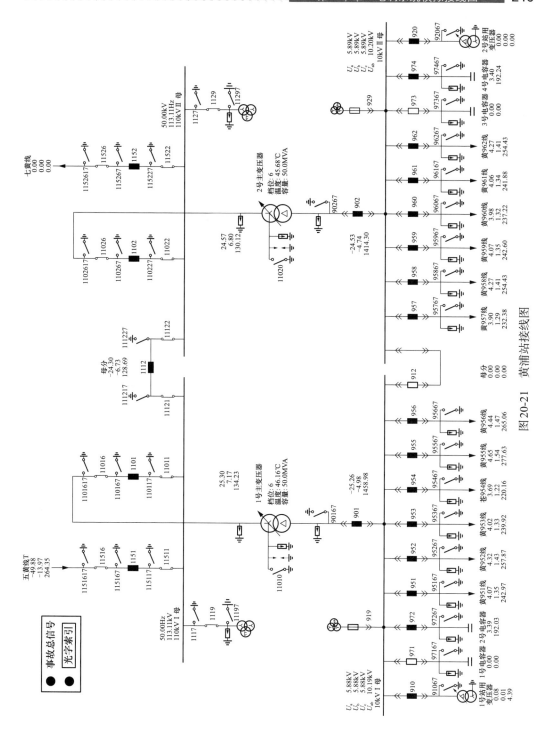

图20-21　黄浦站接线图

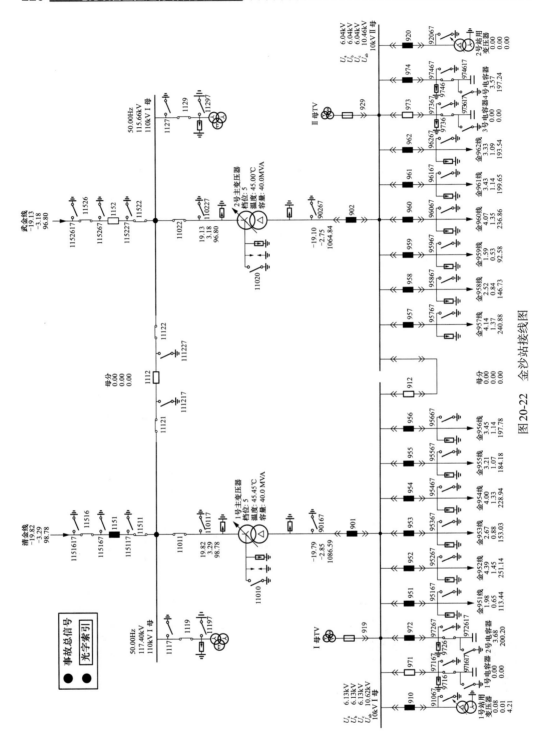

图 20-22 金沙站接线图

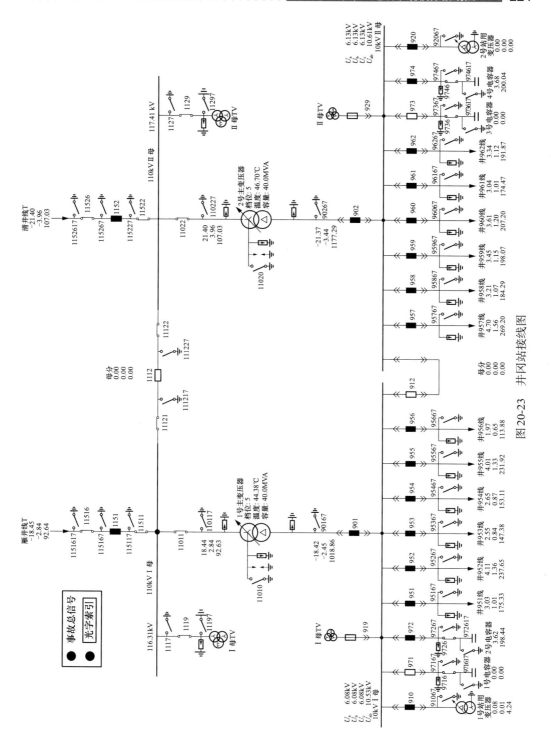

图 20-23　井冈站接线图

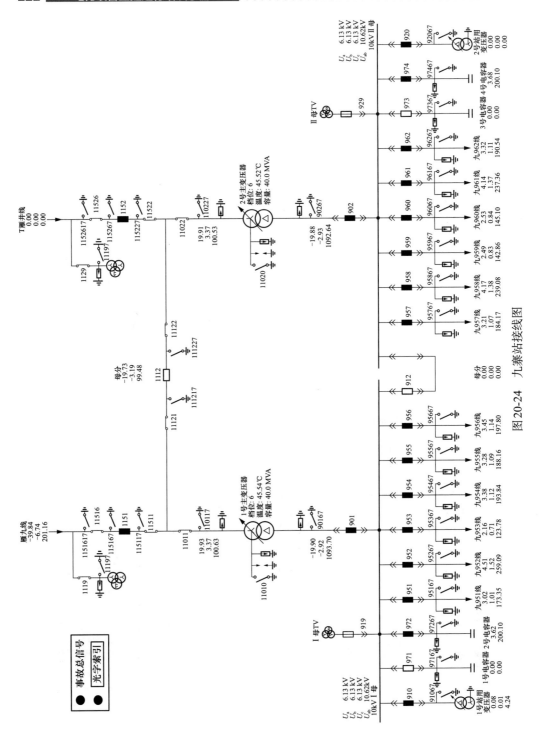

图20-24 九寨站接线图

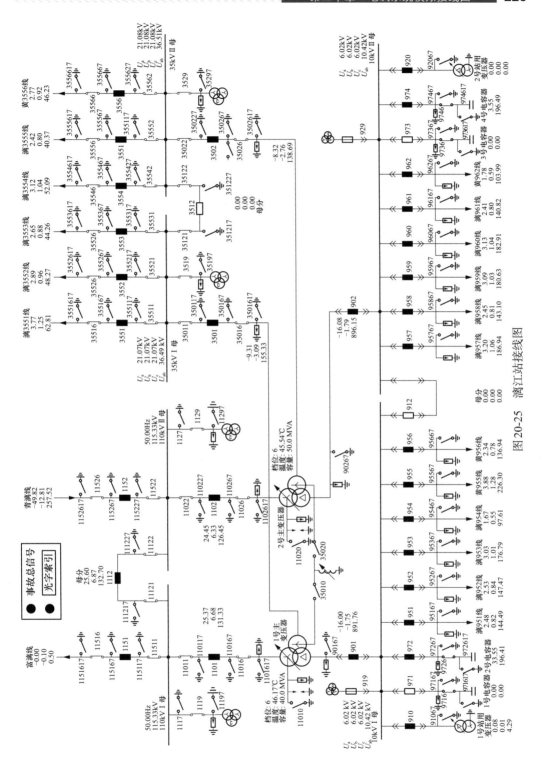

图 20-25 漓江站接线图

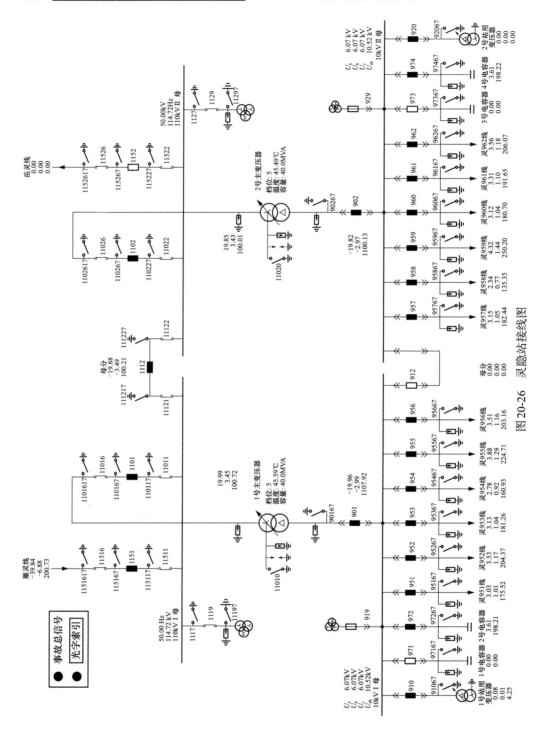

图 20-26 灵隐站接线图

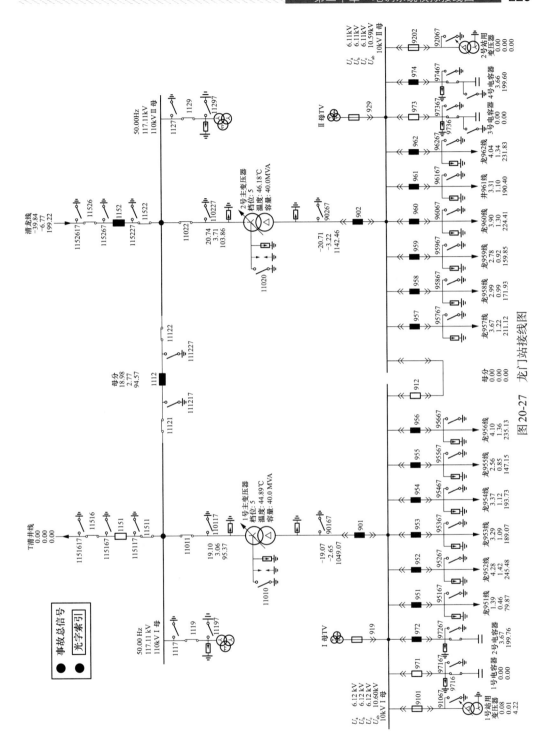

图20-27　龙门站接线图

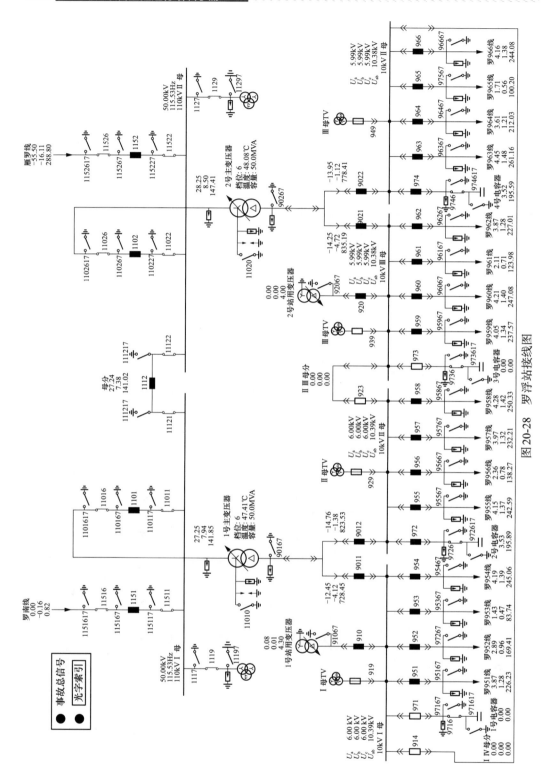

图 20-28　罗浮站接线图

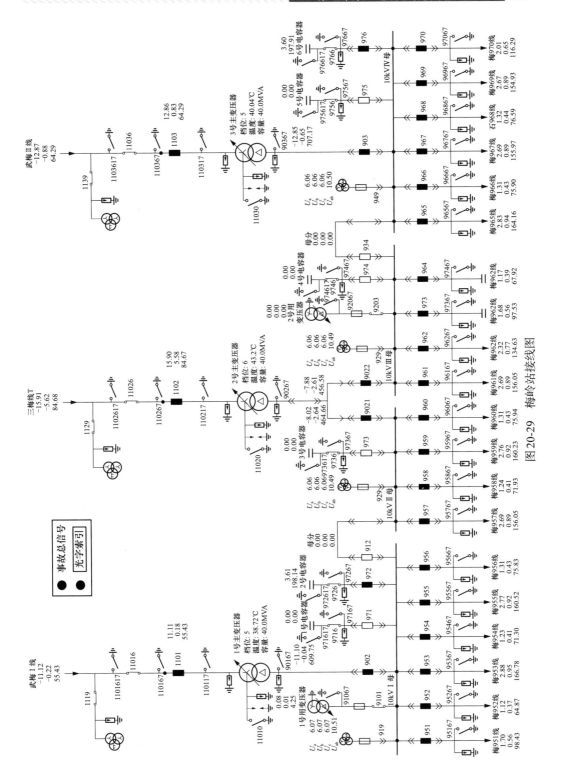

图 20-29 梅岭站接线图

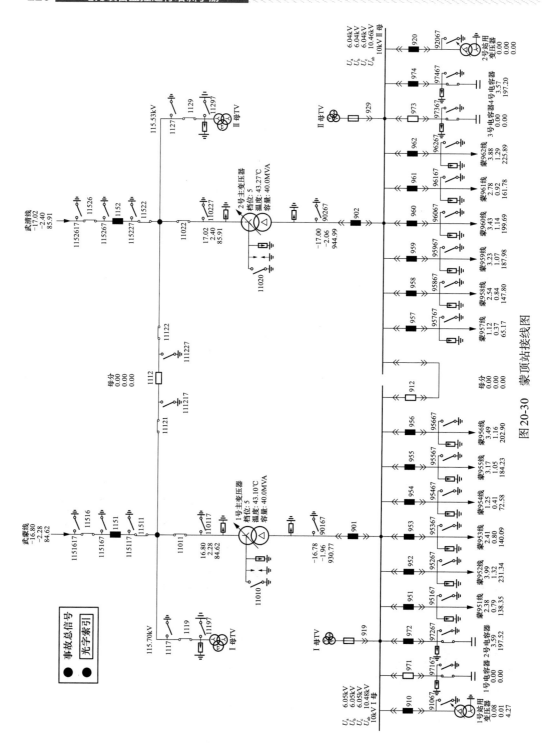

图 20-30　蒙顶站接线图

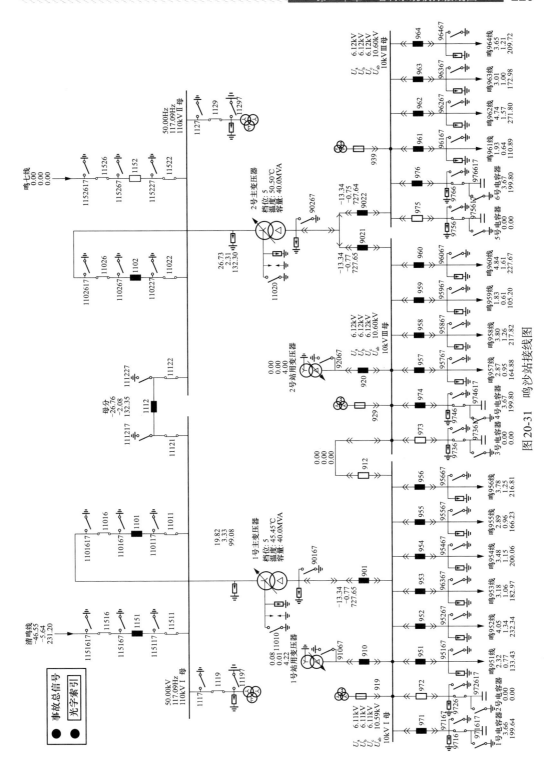

图 20-31　鸣沙站接线图

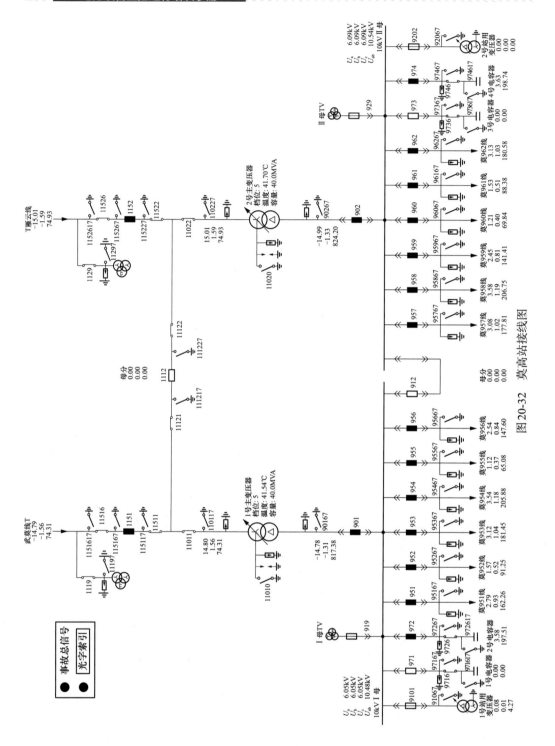

图20-32　莫高站接线图

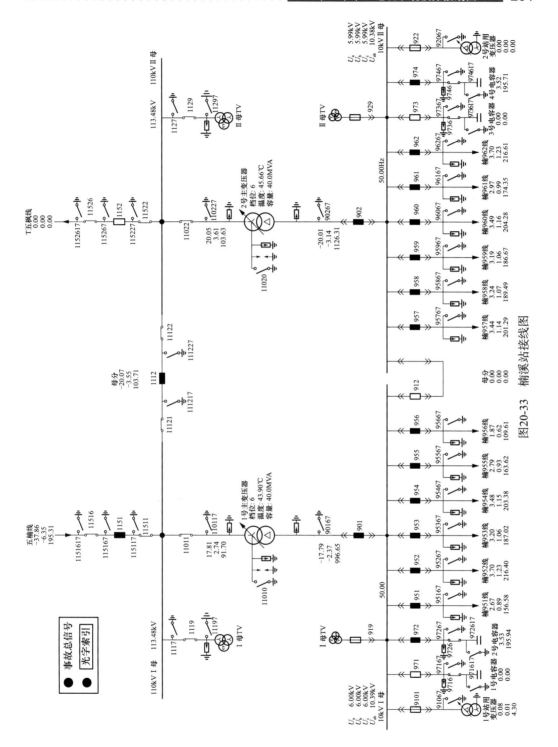

图20-33　楠溪站接线图

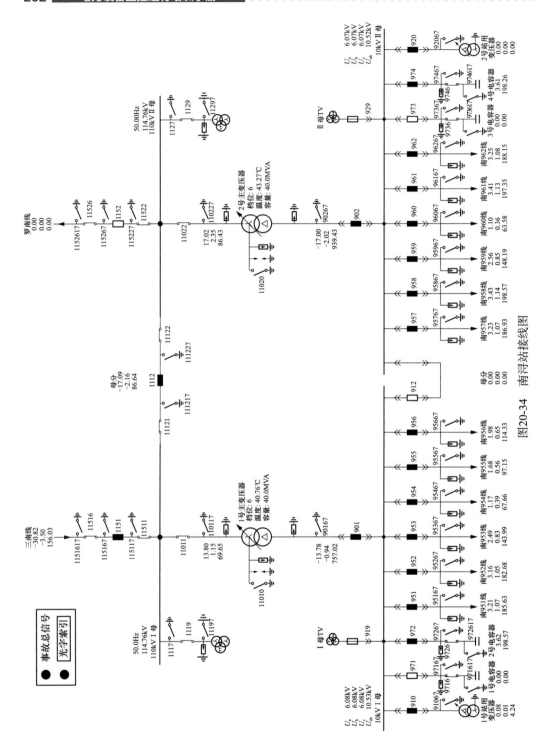

图20-34 南涝站接线图

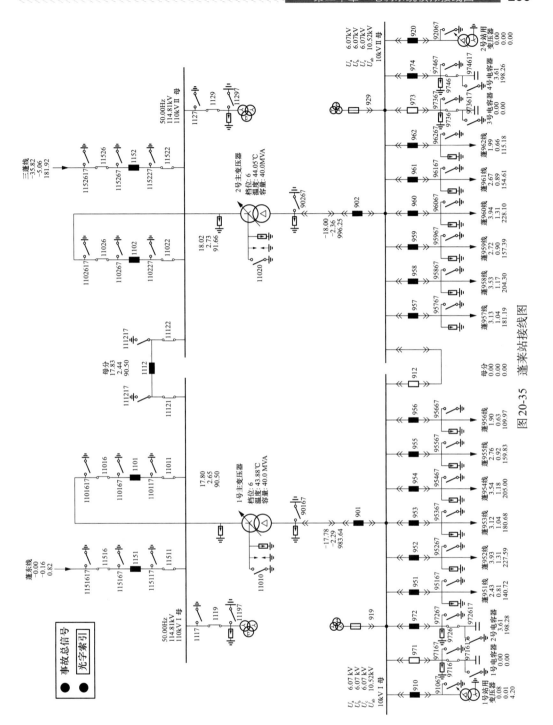

图 20-35　蓬莱站接线图

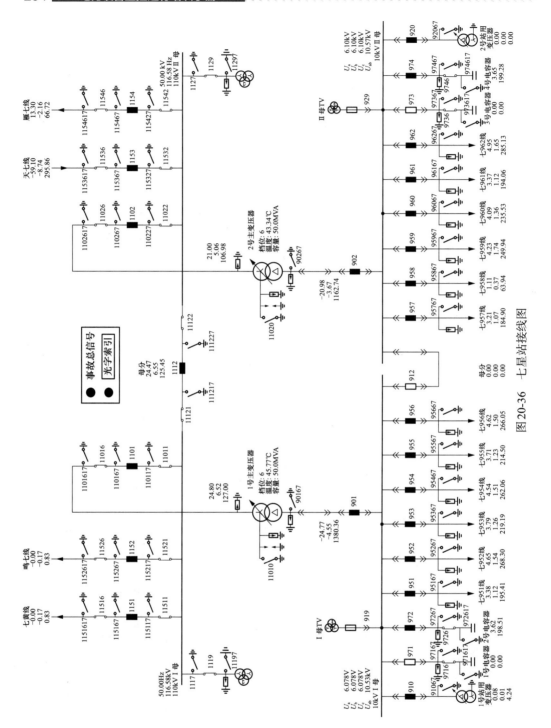

图 20-36 七星站接线图

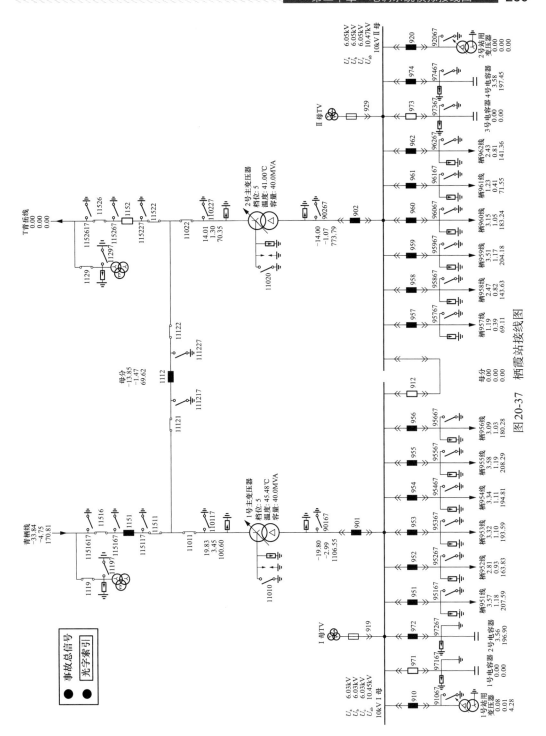

图 20-37　栖霞站接线图

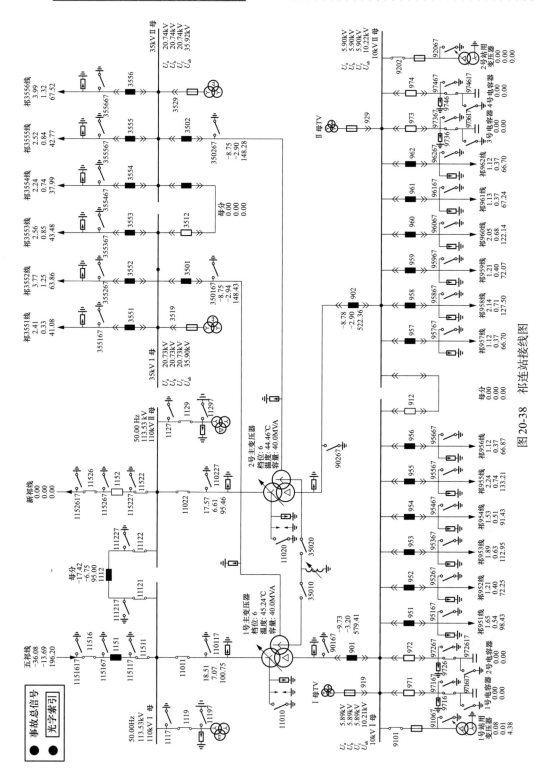

图20-38 祁连站接线图

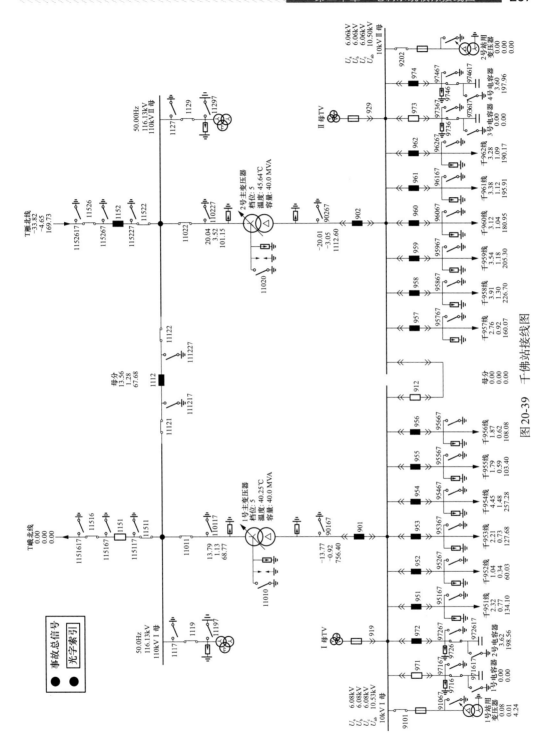

图 20-39 千佛站接线图

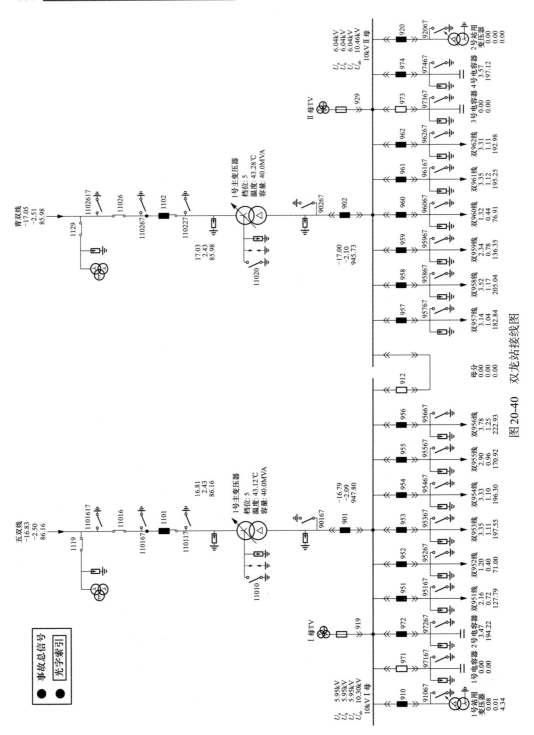

图 20-40 双龙站接线图

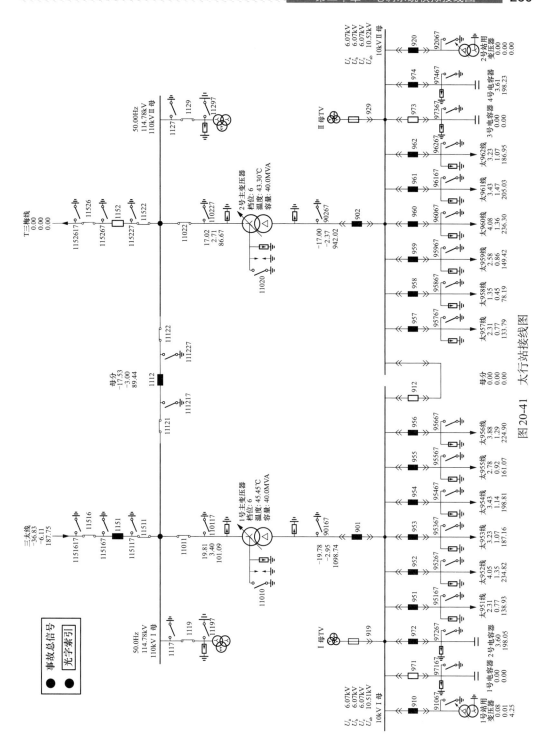

图20-41　太行站接线图

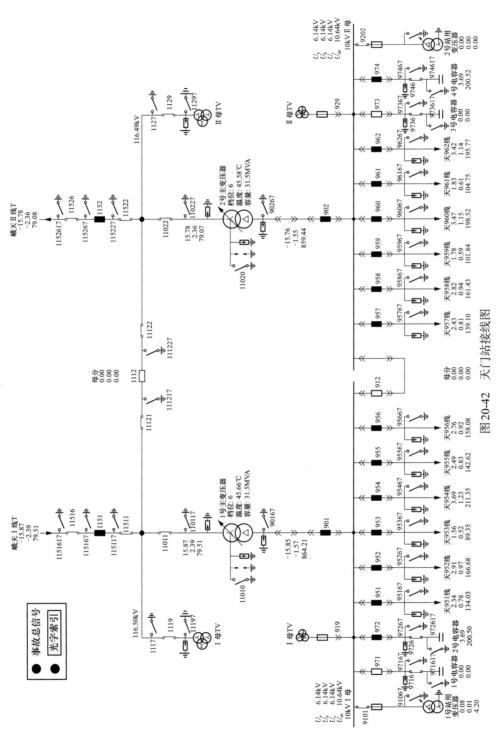

图 20-42　天门站接线图

图 20-1～图 20-42 的地调系统接线图具有比较多的典型接线方式，可以设置多种复杂故障进行学习。

第二十一章　地调上机实操案例

一、220kV 变压器开关死区故障

案例：峨眉站 1 号主变压器 110kV 侧 1101 开关死区 A 相故障。

1. 监控报文

（峨眉站）信息窗：21：26：33：518—110kV Ⅰ 母母差动保护出口—动作

（峨眉站）信息窗：21：26：33：578—110kV 母联 1112 开关—分闸

（峨眉站）信息窗：21：26：33：578—110kV 峨天 Ⅰ 线 1151 开关—分闸

（峨眉站）信息窗：21：26：33：578—110kV 峨东线 1153 开关—分闸

（峨眉站）信息窗：21：26：33：578—110kV 桐峨线 1155 开关—分闸

（峨眉站）信息窗：21：26：33：578—110kV 峨青线 1157 开关—分闸

（峨眉站）信息窗：21：26：33：593—110kV Ⅰ 母母差动保护出口—复归

（峨眉站）信息窗：21：26：34：513—1 号主变压器第一套保护中压侧后备保护出口—动作

（峨眉站）信息窗：21：26：34：513—1 号主变压器第二套保护中压侧后备保护出口—动作

（通义站）信息窗：21：26：34：513—220kV 峨通线第二套保护后备保护出口—动作

（通义站）信息窗：21：26：34：513—220kV 峨通线第二套保护 A 相跳闸—动作

（雁荡站）信息窗：21：26：34：513—220kV 雁峨线第二套保护后备保护出口—动作

（雁荡站）信息窗：21：26：34：513—220kV 雁峨线第二套保护 A 相跳闸—动作

（通义站）信息窗：21：26：34：573—220kV 峨通线 2251 开关 A 相—分闸

（雁荡站）信息窗：21：26：34：573—220kV 雁峨线 2252 开关 A 相—分闸

（通义站）信息窗：21：26：34：593—220kV 峨通线第二套保护 A 相跳闸—复归

（雁荡站）信息窗：21：26：34：593—220kV 雁峨线第二套保护 A 相跳闸—复归

（峨眉站）信息窗：21：26：35：013—1 号主变压器第一套保护中压侧后备保护出口—动作

（峨眉站）信息窗：21：26：35：013—1 号主变压器第二套保护中压侧后备保护出口—动作

（通义站）信息窗：21：26：35：173—220kV 峨通线第一套保护重合闸出口—动作

（通义站）信息窗：21：26：35：233—220kV 峨通线 2251 开关 A 相—合闸

（峨眉站）信息窗：21：26：35：313—1 号主变压器第一套保护中压侧后备保护出口—动作

（峨眉站）信息窗：21：26：35：313—1号主变压器第二套保护中压侧后备保护出口—动作

（通义站）信息窗：21：26：35：353—220kV峨通线第二套保护A相跳闸—动作

（通义站）信息窗：21：26：35：353—220kV峨通线第二套保护B相跳闸—动作

（通义站）信息窗：21：26：35：353—220kV峨通线第二套保护C相跳闸—动作

（峨眉站）信息窗：21：26：35：373—1号主变压器220kV侧2201开关ABC相—分闸

（峨眉站）信息窗：21：26：35：373—1号主变压器35kV侧3501开关—分闸

（峨眉站）信息窗：21：26：35：393—1号主变压器第一套保护中压侧后备保护出口—复归

（峨眉站）信息窗：21：26：35：393—1号主变压器第二套保护中压侧后备保护出口—复归

（通义站）信息窗：21：26：35：413—220kV峨通线2251开关ABC相—分闸

（雁荡站）信息窗：21：26：35：573—220kV雁峨线第一套保护重合闸出口—动作

（雁荡站）信息窗：21：26：35：573—220kV雁峨线第二套保护重合闸出口—动作

（通义站）信息窗：21：26：35：603—220kV峨通线第二套保护后备保护出口—复归

（雁荡站）信息窗：21：26：35：603—220kV雁峨线第二套保护后备保护出口—复归

（雁荡站）信息窗：21：26：35：633—220kV雁峨线2252开关A相—合闸

其他：略。

2. 分析判断

（1）峨眉站：110kV Ⅰ 母母差保护出口，跳开 Ⅰ 母连接的1号主变压器中压侧1101、母联1112以及线路1151、1153、1155、1157开关。母差保护动作闭锁线路开关重合闸：当母线上发生故障时，一般为永久性故障，规程规定，母线故障不经检查不得强送。线路开关重合闸可以经位置不对应方式启动，为防止开关对故障母线进行重合造成对系统又一次冲击，母差保护动作闭锁线路重合闸。峨眉站110kV Ⅰ 母各出线"保护重合闸充电完成—复归"，开关重合闸放电。

（2）峨眉站：1号主变压器中后备相继三次出口才跳闸，与母差动作时间对比，分别为1、1.5、1.8s，对应于中后备零序过流保护1s跳母联1112开关（母差动作已分闸）、1.5s跳主变压器中压侧1101开关（母差动作已分闸）、1.8s跳主变压器三侧2201、3501开关（1101开关母差保护出口已跳闸）。2201、3501开关跳闸后，主变压器中后备保护返回，证明故障电流已切断。从故障开始，1号主变压器中后备保护（第一套、第二套）1.8s出口跳主变压器三侧开关。

（3）通义站：与峨眉站联络线峨通2251线路后备保护出口，时间也为1s，应为零序Ⅱ段（此处220kV后备Ⅱ段保护仍分相单跳单重，安徽Ⅱ段保护闭锁重合闸直接三跳）保护出口，A相单跳；约0.6s后，重合闸单重A相不成功三相跳闸，峨通2251线路后备保护返回，证明故障电流已切断。从故障开始，通义站峨通2251线路后备保护（第二套）1s出口跳A相，重合闸（第一套）0.6s三重A相不成功三跳。

（4）雁荡站：与峨眉站联络线雁峨 2252 线路后备保护出口，时间也为 1s，应为零序 Ⅱ 段保护出口，A 相单跳；约 1.0s 后，重合闸单重 A 相成功。雁峨 2252 线路后备保护返回，证明故障电流已切断。从故障开始，雁荡站雁峨 2252 线路后备保护（第二套）1s 出口跳 A 相，重合闸（第一套、第二套）1.0s 单重 A 相成功。

（5）220kV 联络线对侧线路保护后备段延伸至 220kV 主变压器，距离 Ⅱ 段时限整定较短（0.5s）应不伸出主变压器；零序 Ⅱ 段（1.0s）伸出主变压器至主变压器中压侧母线及以下，时限与中后备零序 Ⅰ 段 1 时限一样，保护范围重叠。因 1 号主变压器差动保护未动作，即范围应为 1 号主变压器中压侧开关 TA（安装于主变压器侧）以下。母差动作已跳开 1101 开关，如不考虑重叠故障，初步判断峨眉站 1 号主变压器中压侧开关与 TA 之间 A 相接地。

（6）1 号主变压器中后备保护 1.8s 动作跳三侧原因：峨眉站—中山站双联络线中山站侧线路后备保护未动作，继续通过 1 号主变压器向故障点提供短路电流，不动作原因应与后备保护整定值与时限有关。

（7）通义站峨通 2251 线路保护单跳单重不成功三跳原因：第一套重合闸整定时限为 0.6s，单重后主变压器高压侧开关还未跳闸，继续向故障点提供故障电流，永久性故障重合不成功三跳。

（8）雁荡站雁峨 2252 线路保护单跳单重成功原因：第一套、第二套重合闸整定时限均为 1.0s，2s 后主变压器高压侧开关已跳闸（1.8s）隔离故障点，因此重合闸单重成功。

3. 信息处置

根据现场汇报情况进行后续处置：

（1）因 1 号主变压器三侧开关已跳闸，应将 2 号主变压器 220、110kV 侧中性点接地刀闸合上，并进行相应变压器中性点零序保护切换。

（2）现场检查如确为 1101 开关与 TA 之间故障，将 1101 开关转检修，恢复 220kV 峨通线、1 号主变压器运行。

二、变压器故障（内部＋外部）

案例 1：（事件表触发故障）北陵站 1 号主变压器永久故障——变压器内部 AB 相故障。

1. 检索报文

（北陵站）信息窗：20：27：03：143—1 号主变压器差动保护出口—动作

（北陵站）信息窗：20：27：03：143—1 号主变压器本体重瓦斯出口—动作

（北陵站）信息窗：20：27：03：203—110kV 峨北线 1151 开关—分闸

（北陵站）信息窗：20：27：03：203—110kV 母分 1112 开关—分闸

（北陵站）信息窗：20：27：03：203—1 号主变压器 10kV 侧 901 开关—分闸

（北陵站）信息窗：20：27：03：218—1 号主变压器差动保护出口—复归

（北陵站）信息窗：20：27：03：228—1 号主变压器本体重瓦斯出口—复归

2. 分析判断

故障开始：

（1）北陵站 1 号主变压器差动保护、本体重瓦斯保护出口，跳开 1 号主变压器各侧开关（1151、1112、901）。主变压器高、低压侧包括高压侧桥开关跳开后，没有电源向故障点提供故障电流，1 号主变压器差动保护、本体重斯瓦保护复归。因差动保护、本体重瓦斯保护同时动作，初步判断为主变压器本体内部故障，基本排除保护误动。

（2）2 号主变压器保护动作闭锁 110kV 备投：按照规程规定，主变压器故障、保护动作跳闸不经检查不得强送，对于内桥接线，为避免备自投自投到故障主变压器，主变压器保护动作将闭锁备投装置。故 110kVⅠ、Ⅱ母失压，备投装置不动作（此站未考虑主变压器保护动作仅闭锁母分备投方式，主变压器保护动作即闭锁备投装置）。

（3）10kVⅠ、Ⅱ母均失压，不满足 10kV 分段 912 开关备投动作条件，备投不动作。全站失电，10kVⅠ、Ⅱ母均失压后，原站内投入的电容器均失压保护动作跳闸。全站失电，1、2 号站用变压器均失电，"站用电电源异常"动作。

3. 信息处置

（1）拉开失电的 2 号主变压器低压侧 902 开关，10kV 失压母线上各出线开关是否拉开，听调度调令执行。

（2）汇报调度：20：27，北陵站 1 号主变压器差动保护、本体重瓦斯保护动作，1 号主变压器各侧开关 1151、1112、901 跳闸。目前，北陵站全站失电，1 号主变压器各侧峨北线 1151 开关、母分 1112 开关、901 开关在热备用状态，失压的 2 号主变压器低压 902 开关已遥控拉开。主变压器差动保护、本体重瓦斯保护同时动作，初步判断为主变压器本体内部故障，已联系现场运维人员。

（3）在汇报调度的同时联系现场运维人员，将上述故障信息告知。

（4）根据现场汇报情况进行后续处置：在调度指挥下合上 2 号主变压器 110kV 侧 11020 中性点接地刀闸，合上雁北线 T1152 开关恢复 110kVⅡ母及 2 号主变压器供电，正常后拉开 11020 中性点接地刀闸，合上 2 号主变压器低压侧 902 开关恢复 10kVⅡ母供电，合上母分 912 开关恢复 10kVⅠ母供电。同时做好北陵站 2 号主变压器负荷、电压监视，做好负荷转移准备。

现场向调度申请隔离故障主变压器，拉开 1 号主变压器高压侧 11011 刀闸，合上母分 1112 开关或 1151 开关对 110kVⅠ母恢复送电（1152 线路故障，保证备投装置能动作恢复供电）；再将 1 号主变压器转检修。

（5）对告警窗信号进行检查确认，做好现场处理过程中的信号监视工作，及时与现场保持联系。

案例 2：（事件表触发故障）五台站 1 号主变压器永久故障——变压器匝间故障。

1. 检索报文

（五台站）信息窗：19：52：59：526—1 号主变压器重瓦斯出口—动作

（五台站）信息窗：19：52：59：586—1 号主变压器 220kV 侧 2201 开关 ABC 相—分闸

（五台站）信息窗：19：52：59：586—1 号主变压器 110kV 侧 1101 开关—分闸

（五台站）信息窗：19：52：59：586—1 号主变压器 35kV 侧 3501 开关—分闸

（五台站）信息窗：19：53：01：526—1 号主变压器本体轻瓦斯告警—动作

（五台站）信息窗：19：53：01：556—1 号主变压器重瓦斯出口—复归

（五台站）信息窗：19：53：01：556—1 号主变压器 RCS—974 装置轻瓦斯—复归

（五台站）信息窗：19：53：04：485—35kV 备自投出口—动作

（五台站）信息窗：19：53：04：695—35kV 母分 3512 开关—合闸

（五台站）信息窗：19：53：08：983—35kV 备自投出口—复归

2. 分析判断

故障开始：

（1）五台站 1 号主变压器重瓦斯保护（主变压器非电量保护单套配置）出口，跳开 1 号主变压器三侧开关（2201、1101、3501，主变压器 220kV 侧开关通常为三相联动、直接三跳）。主变压器三侧开关跳开后，切断电源，1 号主变压器重瓦斯保护复归。同时，1 号主变压器本体轻瓦斯告警。因未见主变压器差动保护动作，初步可判断为主变压器本体内部故障，可能为变压器匝间匝数很少的短路故障。因本体轻瓦斯也同时发信，基本排除保护误动可能。

（2）35kV 分段开关备投动作：主变压器主保护动作（包括差动保护及非电量保护）可判断为变压器本体故障，保护动作主变压器各侧开关跳闸后即已隔离故障设备，35kV Ⅰ 母失压，母分 3512 开关备投动作，母分 3512 开关合闸恢复 35kV Ⅰ 母供电。失压母线恢复送电，备投出口复归。

3. 信息处置

（1）汇报调度：19：52，五台站 1 号主变压器重瓦斯保护动作，跳开 1 号主变压器三侧开关。同时，1 号主变压器本体轻瓦斯发信。初步判断为主变压器本体内部故障。35kV 分段开关备投动作，母分 3512 开关合闸已恢复 35kV Ⅰ 母供电。目前，1 号主变压器各侧开关在热备用状态。已联系现场运维人员。

（2）在汇报调度的同时联系现场运维人员，将上述故障信息告知。

（3）2 号主变压器过负荷，做好负荷转移准备，同时加强监视 2 号主变压器油温。做好电压监视，必要时手动投入电容器。对告警窗信号进行检查确认，做好现场处理过程中的信号监视工作，及时与现场保持联系。

（4）根据现场汇报情况进行后续处置：合上 2 号主变压器 220、110kV 侧中性点接地刀闸，并进行相关中性点零序保护切换。根据现场要求，向调度申请将 1 号主变压器转检修。操作过程中，若调度明确为事故处理，则不用写操作票，若为正常操作，则需要写操作票。

案例 3：（事件表触发故障）东平站 1 号主变压器永久故障——变压器外部 AB 相故障。

1. 检索报文

（东平站）信息窗：20：47：59：729—1 号主变压器差动保护出口—动作

（东平站）信息窗：20：47：59：789—110kV 青东线 1151 开关—分闸

（东平站）信息窗：20：47：59：789—1 号主变压器 10kV 侧 9011 开关—分闸

（东平站）信息窗：20：47：59：789—1 号主变压器 10kV 侧 9012 开关—分闸

（东平站）信息窗：20：47：59：803—1 号主变压器差动保护出口—复归

（东平站）信息窗：20：48：05：785—10kVⅡ～Ⅲ分支备自投出口—动作

（东平站）信息窗：20：48：05：785—10kVⅠ～Ⅳ分支备自投出口—动作

（东平站）信息窗：20：48：05：995—10kV 母分 923 开关—合闸

（东平站）信息窗：20：48：05：995—10kV 母分 914 开关—合闸

（东平站）信息窗：20：48：10：286—10kVⅡ～Ⅲ分支备自投出口—复归

（东平站）信息窗：20：48：10：286—10kVⅠ～Ⅳ分支备自投出口—复归

2. 分析判断

故障开始：

（1）东平站 1 号主变压器差动保护出口，跳开 1 号主变压器各侧开关（1151、9011、9012）。主变压器各侧开关跳开后，没有电源向故障点提供故障电流，1 号主变压器差动保护复归。因未见主变压器非电量保护（重瓦斯等）动作，基本可排除主变压器本体故障，初步判断为差动保护的各侧电流互感器之间所包围的主变压器外部故障。110kV 主变压器仅配置一套保护，单套保护动作无法排除保护误动可能，需经现场检查一、二次设备后确认。

（2）1 号主变压器保护动作闭锁 110kV 备投：按照规程规定，主变压器故障、保护动作跳闸不经检查不得强送，对于内桥接线，为避免备自投自投到故障主变压器，主变压器保护动作将闭锁备投装置。故 110kVⅠ母失压，母分备投不动作。

（3）10kV 分段开关备投动作：主变压器主保护动作（包括差动保护及非电量保护）可判断为变压器本体故障，保护动作主变压器各侧开关跳闸后即已隔离故障设备，10kVⅡ母失压，Ⅱ～Ⅲ分支母分 923 开关备投动作，母分 923 开关合闸恢复 10kVⅡ母供电；10kVⅠ母失压，Ⅰ～Ⅳ分支母分 914 开关备投动作，母分 914 开关合闸恢复 10kVⅠ母供电。失压母线恢复送电，备投出口复归。

（4）Ⅰ～Ⅳ分支母分 914 开关、Ⅱ～Ⅲ分支母分 923 开关备投动作成功后，原 1 号主变压器负荷转移至 2 号主变压器供电，2 号主变压器过负荷动作（电流 276A，主变压器额定电流 251A）。10kVⅠ、Ⅱ母失压后，Ⅰ、Ⅱ母原投入的电容器失压保护动作跳闸。

3. 信息处置

（1）汇报调度：20：27，东平站 1 号主变压器差动保护保护动作，1 号主变压器各侧开关 1151、9011、9012 跳闸。初步判断为差动保护的各侧电流互感器之间所包围的主变压器外部故障。10kV 分段开关备投动作，母分 923 开关合闸已恢复 10kVⅡ母供电；母分 914 开关合闸恢复 10kVⅠ母供电。目前，1 号主变压器各侧开关在热备用状态。已联系现场运维人员。

（2）在汇报调度的同时联系现场运维人员，将上述故障信息告知。

（3）2 号主变压器过负荷，做好负荷转移准备，同时加强监视 2 号主变压器油温。

做好电压监视，必要时手动投入电容器。对告警窗信号进行检查确认，做好现场处理过程中的信号监视工作，及时与现场保持联系。

（4）根据现场汇报情况进行后续处置：现场检查差动保护的各侧电流互感器之间所包围的主变压器外部是否有明显故障点，如故障点确认在 11011 刀闸以下，可以通过拉开 11011 刀闸隔离故障点后，合上 1151 开关对 110kV Ⅰ 母恢复送电（1152 线路故障，保证备投装置能动作恢复供电）。操作过程中，若调度明确为事故处理，则不用写操作票，若为正常操作，则需要写操作票。

案例 4：（事件表触发故障）雁荡站 2 号主变压器 110kV 侧 11025 旁母刀闸瞬时故障——开关节点 A 相故障。

1. 检索报文

（雁荡站）信息窗：20：07：57：065—2 号主变压器第一套保护差动保护出口—动作

（雁荡站）信息窗：20：07：57：065—2 号主变压器第二套保护差动保护出口—动作

（雁荡站）信息窗：20：07：57：125—2 号主变压器 220kV 侧 2202 开关 ABC 相—分闸

（雁荡站）信息窗：20：07：57：125—2 号主变压器 110kV 侧 1102 开关—分闸

（雁荡站）信息窗：20：07：57：125—2 号主变压器 10kV 侧 902 开关—分闸

（雁荡站）信息窗：20：07：57：140—2 号主变压器第一套保护差动保护出口—复归

（雁荡站）信息窗：20：07：57：140—2 号主变压器第二套保护差动保护出口—复归

2. 分析判断

故障开始：

（1）雁荡站 2 号主变压器第一套、第二套差动保护出口，跳开 2 号主变压器三侧开关（2202、1102、902，主变压器 220kV 侧开关通常为三相联动、直接三跳）。主变压器三侧开关跳开后，没有电源向故障点提供故障电流，2 号主变压器差动保护复归。因未见主变压器非电量保护（重瓦斯等）动作，基本可排除主变压器本体故障，初步判断为差动保护的各侧电流互感器之间所包围的主变压器外部故障。两套保护都动作，基本排除保护误动可能。

（2）10kV 分段开关备投未动作，造成 10kV Ⅱ 母失电：主变压器主保护动作（包括差动保护及非电量保护）可判断为变压器本体故障，保护动作主变压器各侧开关跳闸后即已隔离故障设备；10kV Ⅱ 母失压，分段 912 开关备投应动作，912 开关合闸恢复 10kV Ⅱ 母供电。备投装置未动作原因可能有装置压板未投、备投装置异常或故障、误放电等，因无相关异常信号发出，需现场检查确认。

（3）因 10kV Ⅱ 母失电，站用电备投装置动作，恢复站用电。10kV Ⅱ 母失压后，Ⅱ 母原投入的电容器失压保护动作跳闸。2 号主变压器故障跳闸后，因 110kV 侧是并列运行的，原 2 号主变压器 110kV 侧负荷转移至 2 号主变压器供电，2 号主变压器高、中压侧均过负荷。

3. 信息处置

（1）汇报调度：20：07，雁荡站 2 号主变压器差动保护保护动作，跳开 2 号主变压器各侧开关。目前，2 号主变压器三侧开关均在热备用状态。初步判断为主变压器本体内部故障。10kV 分段 912 开关备投未动作，原因不详，现 10kVⅡ母失电。已联系现场运维人员。

（2）在汇报调度的同时联系现场运维人员，将上述故障信息告知。

（3）1 号主变压器高、中压侧均过负荷，做好负荷转移准备，同时加强 1 号主变压器油温监视。做好变电站电压监视，必要时手动投入电容器。对告警窗信号进行检查确认，做好现场处理过程中的信号监视工作，及时与现场保持联系。

（4）根据现场汇报情况进行后续处置：投入 10kV 母分 912 开关充电保护，合上 912 开关对 10kVⅡ母恢复送电，停用母分 912 开关充电保护。现场检查差动保护的各侧电流互感器之间所包围的主变压器外部是否有明显故障点，如故障无法消除，现场向调度申请隔离 2 号主变压器，将 2 号主变压器三侧开关转检修；若故障已消除，则监控员准备恢复主变压器送电，主变压器恢复送电后，10kVⅠ、Ⅱ母线恢复分列运行方式。操作过程中，若调度明确为事故处理，则不用写操作票，若为正常操作，则需要写操作票。

三、内桥接线高压侧开关与 TA 之间的故障（内桥接线 110kV 开关与 TA 之间故障）

线路开关 TA 置于线路侧，仅按常规方式考虑；母分开关 TA 安装位置不确定，以下按两种情况考虑（系统可分别设置，近Ⅰ母刀闸侧即 TA 安装于Ⅰ母侧）。

案例 1：北陵站 110kV 峨北线 1151 开关永久故障——开关死区 C 相故障。

1. 检索报文

（北陵站）信息窗：08：58：32：011—1 号主变压器差动保护出口—动作
（北陵站）信息窗：08：58：32：071—110kV 峨北线 1151 开关—分闸
（北陵站）信息窗：08：58：32：071—110kV 母分 1112 开关—分闸
（北陵站）信息窗：08：58：32：071—1 号主变压器 10kV 侧 901 开关—分闸
（北陵站）信息窗：08：58：32：086—1 号主变压器差动保护出口—复归
（峨眉站）信息窗：08：58：32：306—110kV 峨北线保护出口—动作
（峨眉站）信息窗：08：58：32：366—110kV 峨北线 1156 开关—分闸
（峨眉站）信息窗：08：58：32：387—110kV 峨北线保护出口—复归
（峨眉站）信息窗：08：58：33：866—110kV 峨北线保护重合闸出口—动作
（峨眉站）信息窗：08：58：33：926—110kV 峨北线 1156 开关—合闸
（峨眉站）信息窗：08：58：33：928—110kV 峨北线保护重合闸充电完成—复归
（峨眉站）信息窗：08：58：34：108—110kV 峨北线 1156 开关—分闸

2. 分析判断

故障开始：

（1）北陵站 1 号主变压器差动保护出口，跳开 1 号主变压器各侧开关（1151、1112、901）；主变压器非电量保护（重瓦斯等）未动作，初步排除主变压器本体故障，故障范围为 1151、1112、901 开关 TA 之间范围内故障。

（2）20 峨眉站 110kV 峨北 1156 线路保护出口、跳开 1156 开关，1156 开关重合闸经保护启动、重合闸出口，1156 开关合闸；180ms 左右，1156 开关再分闸，应为重合闸重合不成功，后加速保护出口再跳开 1151 开关。1156 开关重合闸动作合闸后，重合闸放电（装置重合闸充电完成—复归）；因开关重合不成功在分位，重合闸不再充电。缺少"峨北 1156 线路保护后加速—动作""峨北 1156 线路保护后加速—复归"报文。

（3）峨眉站峨北 1156 线路保护应为 II 段动作（与北陵站差动保护出口时间相差约 0.3s），线路 II 段保护范围包括本线路且伸入下级变电站主变压器；另一方面，主变压器差动保护已瞬时动作跳开 1151 开关隔离主变压器差动范围内故障，峨眉站峨北 1156 线路保护应返回。如不考虑重叠故障，初步判断为两保护的重叠区发生故障，即北陵站峨北线 1151 开关与流变之间发生故障。

主变压器差动保护动作闭锁 110kV 备投装置：略。

3. 信息处理　（略）

后续处置：经现场检查确为北陵站 1151 开关与 TA 之间发生故障，将线路开关转检修，通过雁北 T1152 线路开关恢复 2 号主变压器，再通过母分 1112 开关恢复 1 号主变压器供电，注意变压器送电应短时合中性点接地刀闸。

案例 2：北陵站 110kV 母分 1112 开关（TA 在 I 母侧）死区 C 相故障。

1. 检索报文

（北陵站）信息窗：09：14：58：999—2 号主变压器差动保护出口—动作

（北陵站）信息窗：09：14：59：059—110kV 母分 1112 开关—分闸

（北陵站）信息窗：09：14：59：059—2 号主变压器 10kV 侧 902 开关—分闸

（北陵站）信息窗：09：14：59：074—2 号主变压器差动保护出口—复归

（峨眉站）信息窗：09：14：59：294—110kV 峨北线保护出口—动作

（峨眉站）信息窗：09：14：59：354—110kV 峨北线 1156 开关—分闸

（峨眉站）信息窗：09：14：59：375—110kV 峨北线保护出口—复归

（峨眉站）信息窗：09：15：00：854—110kV 峨北线保护重合闸出口—动作

（峨眉站）信息窗：09：15：00：915—110kV 峨北线保护重合闸充电完成—复归

（峨眉站）信息窗：09：15：01：095—110kV 峨北线 1156 开关—分闸

2. 分析判断

故障开始：

（1）北陵站 2 号主变压器差动保护出口，跳开 2 号主变压器各侧开关（1112、902）；主变压器非电量保护（重瓦斯等）未动作，初步排除主变压器本体故障，故障范围为 1152、1112、902 开关 TA 之间范围内故障。

（2）峨眉站 110kV 峨北 1156 线路保护出口、跳开 1156 开关，1156 开关重合闸重合不成功再跳开 1156 开关。1156 开关重合闸动作合闸后，重合闸放电（装置重合闸充电完成—复归）；因开关重合不成功在分位，重合闸不再充电。缺少"峨北 1156 线路保护后加速—动作""峨北 1156 线路保护后加速—复归"报文。

（3）峨眉站峨北 1156 线路保护应为 II 段动作（与北陵站差动保护出口时间相差约

0.3s），线路Ⅱ段保护范围包括本线路且伸入下级变电站主变压器；如不考虑重叠故障，排除峨北线路故障，故障点即在 1 号主变压器及 2 号主变压器差动范围内。之前，2 号主变压器差动保护出口，即将范围再缩小至 2 号主变压器差动范围内。

（4）2 号主变压器差动保护已瞬时动作跳开 1112 开关隔离 2 号主变压器差动范围内故障，峨眉站峨北 1156 线路保护应返回。初步判断为两保护的重叠区发生故障，即北陵站母分 1112 开关与 TA 之间发生故障，且现场 1112 开关 TA 应安装于靠近Ⅰ母侧。

3. 信息处置 （略）

后续处置：经现场检查确为北陵站母分 1112 开关与 TA 之间发生故障，将母分开关转检修，分别通过峨北 T1151 线路开关恢复 1 号主变压器、雁北 T1152 线路开关恢复 2 号主变压器供电，注意变压器送电应短时合中性点接地刀闸。

四、小电流接地系统异常故障

案例：单相接地。

1. 典型报文

（1）220kV 站报文：

（青城站）信息窗：08：07：10：591—1 号主变压器第一套保护低压侧中性点电压偏移—动作
（青城站）信息窗：08：07：10：591—1 号主变压器第二套保护低压侧中性点电压偏移—动作
（青城站）信息窗：08：07：10：601—1 号主变压器本体测控二次设备或回路告警—动作

（2）110kV 站报文：

（梅岭站）信息窗：08：31：41：551—10kVⅡ母母线接地—动作
（梅岭站）信息窗：08：31：41：551—10kVⅡ母母线接地—动作
（梅岭站）信息窗：08：31：41：560—事故总信号—动作
（梅岭站）信息窗：08：31：41：560—事故总信号—动作

注　1. 母线接地，会同时发两组重复的接地动作、事故总信号。
　　2. 如果低压侧是分裂接线，例如此处梅岭站，缺少"10kVⅢ母母线接地—动作"信号，接线图中 10kVⅢ母电压异常值同Ⅱ母。

2. 分析判断

接地故障范围为，从主变压器低压侧套管引出线开始低压母线桥、母线及母线连接各设备间隔，出线及站内设备单相接地，都将引起电压异常，反映为母线单相接地。

3. 处置要点

可考虑按照以下原则寻找接地：

（1）试拉小电流接地选线装置给出的故障线路。

（2）采用母线解并列，确定接地故障母线。

（3）逐级试拉充电线路、电容器（电抗器）、小水电专线（试拉前先停机）；拉开后暂时不恢复送电。

（4）利用线路对侧电源改变供电方式，转移重要负荷。

（5）轮流试拉双回线。

（6）试拉其他线路。原则上，拉开后接地未消失即恢复送电，即拉一条送一条。

（7）同相两点接地，也是先按上述原则试拉，明确其中一个接地点，再判断下一个接地点。线路全部试拉一轮后接地仍未消失，即将所有出线全部拉开，再逐一试送。

（8）母线接地。所有出线全部拉开后，接地仍未消失，安排现场检查站内设备，包括母线及主变压器低压侧母线桥等；如无明显异常点，考虑将接地故障母线并列至正常母线，拉开主变压器低压侧开关进一步缩小接地故障范围。

（9）不同相两点接地，禁止将两个接地系统合环，禁止将其中一个接地系统的母线（线路）通过冷倒方式接入另一个接地系统，防止将单相接地故障发展成两相接地故障。

五、110kV 线路故障，开关拒动

案例：峨天Ⅱ线 1152 线路故障，开关拒动。

1. 检索报文

（峨眉站）信息窗：08：38：46：399—110kV 峨天Ⅱ线保护出口—动作
（峨眉站）信息窗：08：38：46：449—110kV 峨天Ⅱ线 1152 开关总出口跳闸—动作
（桐柏厂）信息窗：08：38：46：694—110kV 桐峨线保护出口—动作
（桐柏厂）信息窗：08：38：46：744—110kV 桐峨线 1151 开关总出口跳闸—动作
（桐柏厂）信息窗：08：38：46：754—110kV 桐峨线 1151 开关—分闸
（桐柏厂）信息窗：08：38：48：254—110kV 桐峨线保护重合闸出口—动作
（桐柏厂）信息窗：08：38：48：314—110kV 桐峨线 1151 开关—合闸
（峨眉站）信息窗：08：38：48：394—2 号主变压器第一套保护中压侧后备保护出口—动作
（峨眉站）信息窗：08：38：48：394—2 号主变压器第二套保护中压侧后备保护出口—动作
（峨眉站）信息窗：08：38：48：394—1 号主变压器第一套保护中压侧后备保护出口—动作
（峨眉站）信息窗：08：38：48：394—1 号主变压器第二套保护中压侧后备保护出口—动作
（峨眉站）信息窗：08：38：48：444—110kV 母联 1112 开关总出口跳闸—动作
（峨眉站）信息窗：08：38：48：454—110kV 母联 1112 开关—分闸
（峨眉站）信息窗：08：38：48：894—2 号主变压器第一套保护中压侧后备保护出口—动作
（峨眉站）信息窗：08：38：48：894—2 号主变压器第二套保护中压侧后备保护出口—动作
（峨眉站）信息窗：08：38：48：944—2 号主变压器 110kV 侧 1102 开关总出口跳闸—动作
（峨眉站）信息窗：08：38：48：954—2 号主变压器 110kV 侧 1102 开关—分闸
（峨眉站）信息窗：08：39：00：736—110kVⅡ母电压越下限（电压：0.000kV）—动作
（峨眉站）信息窗：08：39：00：736—35kVⅡ母电压越上限（电压：37.603kV）—动作
（天门站）信息窗：08：38：51：883—110kV 备自投出口—动作
（天门站）信息窗：08：38：51：983—110kV 峨天Ⅱ线 1152 开关总出口跳闸—动作
（天门站）信息窗：08：38：51：993—110kV 峨天Ⅱ线 1152 开关—分闸
（天门站）信息窗：08：38：52：093—110kV 母分 1112 开关—合闸
（北陵站）信息窗：08：38：52：883—110kV 备自投出口—动作
（北陵站）信息窗：08：38：52：983—110kV 峨北线 1151 开关总出口跳闸—动作
（北陵站）信息窗：08：38：52：993—110kV 峨北线 1151 开关—分闸
（北陵站）信息窗：08：38：53：093—110kV 雁北线 1152 开关—合闸
（石林站）信息窗：08：38：54：883—10kV 备自投出口—动作
（石林站）信息窗：08：38：54：983—2 号主变压器 10kV 侧 902 开关总出口跳闸—动作

| （石林站）信息窗：08：38：54：993—2 号主变压器 10kV 侧 902 开关—分闸 |
| （石林站）信息窗：08：38：55：093—10kV 母分 912 开关—合闸 |
| （峨眉站）信息窗：08：39：15：316—1 号主变压器中压侧变压器过负荷（电流：646.852A）—动作 |
| （峨眉站）信息窗：08：39：15：316—1 号主变压器高压侧变压器过负荷（电流：353.112A）—动作 |
| （石林站）信息窗：08：39：15：316—1 号变压器器过负荷（电流：158.680A）—动作 |
| （石林站）信息窗：08：40：36：490—10kV Ⅰ 母接地—动作 |
| （石林站）信息窗：08：40：36：490—10kV Ⅱ 母接地—动作 |

2. 分析判断

故障开始：

（1）220kV 峨眉站 110kV 峨天Ⅱ1152 线路故障，线路保护出口，1152 开关未分闸。桐柏厂：110kV 桐峨线 1151 线路保护出口，跳开桐峨线桐柏厂侧 1151 开关，桐柏厂两台机组解列，桐峨线 1151 线路重合闸出口，1151 开关重合成功。峨眉变电站：1、2 号主变压器 110kV 侧均向故障点提供短路电流，故 1、2 号主变压器两套保护的中后备保护均出口，跳开 110kV 母分 1112 开关，1 号主变压器不再向故障点提供短路电流，1 号主变压器两套保护返回，2 号主变压器 2 套保护的中后备保护再经延时跳开 2 号主变压器 110kV 侧 1102 开关，故障隔离。2 台主变压器 2 套保护的中后备保护均出口，排除保护误动；桐柏厂 1151 开关跳闸原因，峨眉变电站 110KVⅠ、Ⅱ段母线并列运行，桐柏厂经桐峨线向故障点提供短路电流，如桐峨线瞬时故障，桐峨线两侧保护均应出口跳开桐峨线两侧开关，只有桐柏厂 1151 开关跳闸，故排除桐峨线瞬时故障和保护误动，峨眉变电站 110kVⅡ段母线失电，1 号主变压器过负荷；1152 开关未分闸原因：

1）1152 线路保护出口压板未投；

2）断路器拒动，断路器二次设备故障，操动机构压力异常或未储能，机构卡死。

（2）天门站：因峨眉站 110kVⅡ段母线失电，110kV 备自投出口，跳开峨天Ⅱ线 1152 开关，合上母分 1112 开关，恢复天门站供电，备自投动作正确。

（3）北陵站：因峨眉站 110kVⅡ段母线失电，110kV 备自投出口，跳开峨北线 1151 开关，合上雁北线 1152 开关，恢复北陵站供电，备自投动作正确。

（4）石林站：因石林站 110kV 采用线路变压器接线，峨眉站 110kVⅡ母线失电后，10kV 备自投出口跳开 2 号主变压器 10kV 侧 902 开关，合上 10kV 母分 912 开关，恢复 10kV Ⅱ段母线供电，因 2 号主变压器停运，造成 1 号主压器变过负荷，备自投动作正确；石林站 10kVⅠ、Ⅱ段母线 C 相接地；石林站 2 号主变压器失电。

3. 信息处置

（1）拉开峨眉站失压 110kVⅠ母上未跳开的开关，峨天Ⅱ线 1152 开关保持原状，运维人员到现场后拉开两侧刀闸，隔离拒动开关。

（2）汇报调度。

1）峨眉变电站：×时×分×秒，220kV 峨眉站 110kV 峨天Ⅱ线 1152 线路保护出口，1152 开关未分闸，2 号主变压器 2 套保护的中后备保护均出口，跳开 110kV 母分 1112 开关，2 号主变压器 2 套保护的中后备保护再经延时跳开 2 号主变压器 110kV 侧

1102 开关。初步判断峨天Ⅱ线 1152 线路故障，开关拒动。目前峨眉变电站 110kVⅡ段母线失电，1 号主变压器过负荷。

2）桐柏厂：110kV 桐峨线 1151 线路保护出口，跳开桐峨线桐柏厂侧 1151 开关，桐柏厂两台机组解列，1151 开关重合成功。

3）天门站：110kV 备自投出口，跳开峨天Ⅱ线 1152 开关，合上母分 1112 开关，恢复天门站供电。

4）北陵站：110kV 备自投出口，跳开峨北线 1151 开关，合上雁北线 1152 开关，恢复北陵站供电。

5）石林站：10kV 备自投出口跳开 2 号主变压器 10kV 侧 902 开关，合上 10kV 母分 912 开关，恢复 10kVⅡ段母线供电，1 号主变压器过负荷；石林站 10kVⅠ、Ⅱ段母线 C 相接地；2 号主变压器失电。

（3）联系现场运维人员，将上述故障信息告知。

（4）做好峨眉站、石林站 1 号主变压器过负荷的负荷转移的操作准备，石林站 10kVⅠ、Ⅱ段母线 C 相接地按照现场拉路顺序表处理；对上述各站信号进行检查确认，特别是 10kV 电容器低电压出口的检查，做好现场处理过程中的信号监视工作，及时与现场保持联系，做好负荷、电压、潮流的监视。

六、青城站母线故障

案例 1：青城站母线故障。

1. 检索报文

（青城站）信息窗：08：29：04：958—110kVⅡ母母差动保护出口—动作
（青城站）信息窗：08：29：05：008—110kVⅠ母母差动保护出口—动作
（青城站）信息窗：08：29：05：018—2 号主变压器 110kV 侧 1102 开关—分闸
（青城站）信息窗：08：29：05：018—110kV 母联 1112 开关—分闸
（青城站）信息窗：08：29：05：018—110kV 青玉线 1152 开关—分闸
（青城站）信息窗：08：29：05：018—110kV 青双线 1154 开关—分闸
（青城站）信息窗：08：29：05：018—110kV 青岳线 1156 开关—分闸
（青城站）信息窗：08：29：05：068—1 号主变压器 110kV 侧 1101 开关—分闸
（青城站）信息窗：08：29：05：068—110kV 青漓线 1151 开关—分闸
（青城站）信息窗：08：29：05：068—110kV 青月线 1153 开关—分闸
（青城站）信息窗：08：29：05：068—110kV 青栖线 1155 开关—分闸
（青城站）信息窗：08：29：05：068—110kV 青东线 1157 开关—分闸
（东平站）信息窗：08：29：08：013—110kV 备自投出口—动作
（东平站）一次变位 110kV 青东线 1151 开关分闸
（东平站）信息窗：08：29：08：223—110kV 母分 1112 开关—合闸
（玉龙站）信息窗：08：29：09：012—110kV 备自投出口—动作
（玉龙站）信息窗：08：29：09：122—110kV 青玉线 1151 开关—分闸
（玉龙站）信息窗：08：29：09：222—110kV 峨青线 1152 开关—合闸
（双龙站）信息窗：08：29：11：012—10kV 备自投出口—动作

（双龙站）信息窗：08：29：11：122—2号主变压器10kV侧902开关—分闸		
（双龙站）信息窗：08：29：11：222—10kV母分912开关—合闸		
（月牙站）信息窗：08：29：11：216—10kVⅠ母电压越下限（电压：0.000kV）—动作		
（月牙站）信息窗：08：29：11：216—110kVⅠ母电压越下限（电压：0.000kV）—动作		
（岳麓站）信息窗：08：29：11：216—10kVⅠ母电压越下限（电压：0.000kV）—动作		
（岳麓站）信息窗：08：29：11：216—10kVⅡ母电压越下限（电压：0.000kV）—动作		
（岳麓站）信息窗：08：29：11：216—110kVⅠ母电压越下限（电压：0.000kV）—动作		
（岳麓站）信息窗：08：29：11：216—110kVⅡ母电压越下限（电压：0.000kV）—动作		
（栖霞站）信息窗：08：29：11：216—10kVⅠ母电压越下限（电压：0.000kV）—动作		
（栖霞站）信息窗：08：29：11：216—10kVⅡ母电压越下限（电压：0.000kV）—动作		
（栖霞站）信息窗：08：29：11：216—110kVⅠ母电压越下限（电压：0.000kV）—动作		
（栖霞站）信息窗：08：29：11：216—110kVⅡ母电压越下限（电压：0.000kV）—动作		
（漓江站）信息窗：08：29：11：216—10kVⅠ母电压越下限（电压：0.000kV）—动作		
（漓江站）信息窗：08：29：11：216—10kVⅡ母电压越下限（电压：0.000kV）—动作		
（漓江站）信息窗：08：29：11：216—110kVⅠ母电压越下限（电压：0.000kV）—动作		
（漓江站）信息窗：08：29：11：216—110kVⅡ母电压越下限（电压：0.000kV）—动作		
（漓江站）信息窗：08：29：11：216—35kVⅠ母电压越下限（电压：0.000kV）—动作		
（漓江站）信息窗：08：29：11：216—35kVⅡ母电压越下限（电压：0.000kV）—动作		

2. 分析判断

（1）220kV青城站110kVⅠ、Ⅱ母差差动保护出口，跳开110kV母联1112开关及110kVⅠ、Ⅱ段母线所有开关，110kVⅠ、Ⅱ段母线失电，保护动作正确。

（2）东平站：因青城站110kV母线失电，110kV备自投出口，跳开青东线1151开关，合上110kV母分1112开关，恢复全站负荷，备自投动作正确。

（3）玉龙站：因青城站110kV母线失电，110kV备自投出口，跳开青玉线1151开关，合上峨青线1152开关，恢复全站负荷，备自投动作正确。

（4）双龙站：因青城站110kV母线失电，因线路变压器接线，10kV备自投出口，跳开2号主变压器10kV侧902开关，合上10kV母分912开关，恢复10kVⅡ段母线供电，2号主变压器失电，备自投动作正确。

（5）月牙站：因是单电源供电，青月线失电，所以全站失电。

（6）岳麓站：110kV岳灵线充电作为灵隐站备用电源，灵隐站110kV备自投不满足动作条件，正确，岳麓站全站失电。

（7）栖霞站：青栖线失电，青岳线失电，栖霞站110kV备自投不满足动作条件，备自投不动作正确，全站失电。

（8）漓江站：110kV富丽线充电作为富春站备用电源，富春站110kV备自投不满足动作条件，正确，漓江站全站失电。

（9）因双母差动出口，判断母线范围确实发生故障，非保护误动。Ⅱ母差动、Ⅰ母差动相继出口，间隔时间约0.05s，初步判断为母联死区故障，母联死区保护动作。当母联1112开关与TA之间发生故障时，Ⅱ母母差判断为区内故障出口跳开Ⅱ母所有开关及母联开关，但故障电流仍由Ⅰ母（1号主变压器）流向故障点，即母联流变仍有故障电流，母联死区保护动作再启动Ⅰ母母差出口，跳开Ⅰ母连接所有开关。

（10）初步判断故障点发生在母联 1112 开关与 TA 之间。

3. 信息处置

（1）根据信息应尽快判断出青城站故障性质，记录重要告警信息。

（2）汇报调度×时×分×秒。

1）220kV 青城站 110kV Ⅰ、Ⅱ母母差保护出口跳开 110kV 母联 1112 开关及 110kV Ⅰ、Ⅱ段母线所有开关，110kV Ⅰ、Ⅱ段母线失电。

2）东平站 110kV 备自投出口，跳开青玉线 1151 开关，合上峨青线 1152 开关，恢复全站负荷。

3）玉龙站 110kV 备自投出口，跳开青玉线 1151 开关，合上峨青线 1152 开关，恢复全站负荷。

4）双龙站 10kV 备自投出口，跳开 2 号主变压器 10kV 侧 902 开关，合上 10kV 母分 912 开关，恢复 10kV Ⅱ段母线供电，2 号主变压器失电。

5）月牙站、栖霞站、漓江站、岳麓站全站失电。

（3）联系运维人员，告知上述故障信号。

（4）在调度的指挥下。尽快隔离故障点，检查青城站 110kV 母线及出线开关是否正常，其保护是否正常。尽快恢复岳麓站供电，考虑拉开岳麓站 1151 开关，合上灵隐站 1152 开关。可考虑通过富春站供漓江站负荷。拉开漓江站 1152 开关，合上灵隐站 1151 开关若故障已隔离，则监控员准备恢复青城站 110kV 1、2 母线送电。

（5）做好负荷、电压、潮流的监视，（东平站、玉龙站、双龙站单电源运行，加强电源线路监视，以及双龙站 1 号主变压器负荷、油温监视），做好现场处理过程的信号监视，对上述各站信号检查确认，及时与运维人员联系。

案例 2：清源站母线故障。

1. 检索报文

蒙顶站，110kV 武清线 1152 开关 SF$_6$ 气压低闭锁，动作
蒙顶站，110kV 武清线 1152 开关一次设备故障，动作
虎丘站，10kV Ⅰ母母线接地，动作
虎丘站，10kV Ⅱ母母线接地，动作
虎丘站，2 号主变压器差动保护出口，动作
武夷站，110kV 武清线保护出口，动作
虎丘站，10kV 4 号电容器保护欠压保护出口，动作
蒙顶站，10kV 4 号电容器保护欠压保护出口，动作
武夷站，110kV 武清线保护重合闸出口，动作
武夷站，110kV 武清线保护出口，动作
清源站，110kV Ⅰ母母差保护出口，动作
龙门站，10kV 4 号电容器保护欠压保护出口，动作
虎丘站，10kV 备自投出口，动作
鸣沙站，10kV 1 号电容器保护欠压保护出口，动作

鸣沙站，10kV 4 号电容器保护欠压保护出口，动作
鸣沙站，10kV 6 号电容器保护欠压保护出口，动作
云峰站，10kV 2 号电容器保护欠压保护出口，动作
虎丘站，10kVⅡ母母线接地，动作
虎丘站，10kV 虎 957 线保护出口，动作
虎丘站，10kV 虎 957 线保护重合闸出口，动作
虎丘站，10kV 虎 957 线保护出口，动作
龙门站，110kV 备自投出口，动作
蒙顶站，10kV 备自投出口，动作
鸣沙站，110kV 备自投出口，动作
云峰站，10kV 备自投出口，动作

2. 分析判断

异常故障现象：

（1）虎丘站：10kVⅠ、Ⅱ母线分列运行，均发生单相接地。2 号主变压器差动保护动作，跳开 1152 开关、902 开关未分闸，主变压器两侧有功、无功、电流量测值为 0，10kVⅡ母失压。10kV 母分备投动作，902 开关分闸、912 开关合闸，Ⅰ、Ⅱ母线并列运行，电压量测值异常，反映为 A 相全接地。10kV 虎 957 线路保护动作，重合不成，开关在分位。

（2）武夷站：110kV 1154 线路保护动作，重合不成功，开关在分位，线路（T 接线）各侧有功、无功、电流量测值为 0。

（3）蒙顶站：110kV 1152 开关 SF$_6$ 压力低闭锁发信；1152 线路失电，110kV 备投压板退出，10kV 母分备投动作，902 开关分闸、912 开关合闸；1 号主变压器过负荷，高压侧电流 214A。

（4）清源站：110kVⅠ母母差保护动作，跳开 1112、1101、1151、1153、1155 开关，Ⅰ母失压，1 号主变压器中压侧、各出线有功、无功、电流遥测值为 0，35kVⅡ母电压越下限。

（5）龙门站：110kV 1152 线路失电，110kV 备投动作，1152 开关未分闸；10kV 母分备投压板退出，110kVⅡ母、10kVⅡ母失压，2 号主变压器两侧开关、10kVⅡ母各出线有功、无功、电流遥测值为 0。

（6）云峰站：110kV 清云Ⅰ线失电，10kV 母分备投动作，901 开关分闸、912 开关合闸，10kVⅠ母恢复供电。

（7）鸣沙站：110kV 清鸣线失电，110kV 备投动作，1151 开关分闸、1152 开关合闸，110kVⅠ母恢复供电。

原因分析：

（1）虎丘站 2 号主变压器差动保护动作，主变压器低压侧 902 开关未分闸，分析为出口压板漏投（可排除开关拒动）；0.3s 后武夷站 1154 线路保护动作隔离故障，初步分析故障点在虎丘站 1152 开关与 TA 之间。

（2）虎丘站 10kV 母线分列运行，均发生了单相接地。Ⅱ母失电后，备投动作后母线并列，957 线路速断保护动作、母线仍反映 A 相接地，初步判断 10kV Ⅰ、Ⅱ 母线异名相接地，并列后转化为相间故障，导致 957 线路保护动作，10kV Ⅰ 母仍有 A 相接地；如接地点在线路，可能因线路保护拒动，或延时段保护返回；如接地点在母线，主变压器低后备因延时返回；如接地点在主变压器低压侧，1 号主变压器差动保护应动作。

（3）清源站 110kV Ⅰ 母母差保护动作跳开 Ⅰ 母所有开关隔离故障，故障范围可能在Ⅰ 母线及各出线开关 TA 与母线之间。110kV 母差保护为单套配置，不排除保护误动。

（4）蒙顶站 110kV 1152 开关 SF₆ 压力低闭锁发信，需经现场检查确认。1152 线路失电致 110kV Ⅱ 母、10kV Ⅱ 母失压，110kV 备投压板退出，10kV 备投动作，致 1 号主变压器过负荷。

（5）龙门站 110kV 1152 线路失电致 110kV Ⅱ 母、10kV Ⅱ 母失压，110kV 备投动作，1152 开关拒动未能分闸，同时 10kV 母分备投压板退出，导致 110kV Ⅱ 母、10kVⅡ 母失压。

（6）云峰站、鸣沙站因清源站 110kV 母差保护动作致线路失压，备投动作正确。

3. 信息处置

（1）根据信息应尽快判断出青城站故障性质，记录重要告警信息。

（2）汇报调度异常故障情况，通知运维人员去检查；根据调度指令进行以下处置：

1）清源站 110kV 母差保护动作跳开 1101 开关后，110kV Ⅱ 母系统失去接地点，合上 2 号主变压器 110kV 侧中性点接地刀闸（切换中性点零序保护）。

2）拉开蒙顶站 10kV 蒙 952 开关（1 号主变压器过负荷）。

3）龙门站合上 10kV 母分 912 开关后逐条恢复 10kV Ⅱ 母各出线负荷（1 号主变压器重载，暂不恢复 962 线路）。清井线负载较重，将井岗站 1 号主变压器负荷转移至雁荡站。

4）蒙顶站将 1152 开关改非自动并转冷备用；用 1112 开关对 2 号主变压器恢复送电，恢复蒙 952 线路负荷。

5）龙门站将 1152 开关转冷备用；用 1112 开关对 2 号主变压器恢复送电，恢复龙962 线路负荷。

6）虎丘站 10kV Ⅰ 母系统查找接地，先拉开电容器开关，再逐条试拉、合线路，虎955 开关拉开后 10kV 母线电压恢复正常。

7）虎丘站将 1152 开关转冷备用；用 1112 开关对 2 号主变压器恢复送电。

8）清源站将 1153 开关转冷备用，投入 1112 开关充电保护，合上 1112 开关对母线冲击送电，停用开关充电保护，合上 1101 开关，合上 1151、1155 开关，鸣沙站、云峰站恢复正常运行方式。

（3）做好负荷、电压、潮流的监视，做好现场处理过程的信号监视，对上述各站信号检查确认，及时与运维人员联系。

七、10kV 线路保护动作开关拒动，主变压器后备保护越级跳闸

案例：龙门站 10kV 957 线路保护动作开关拒动，主变压器后备保护越级跳闸。

1. 检索报文（略）

2. 分析判断

故障开始：

（1）龙门站 10kV 龙 957 开关发"控制回路断线"异常信号。约 50ms 后，10kV 龙 957 线路保护出口，龙 957 开关未分闸；2 号主变压器高后备保护出口，高后备保护动作后跳开 2 号主变压器低压侧 902 开关。902 开关跳开后，没有电源向故障点提供故障电流，2 号主变压器高后备、10kV 龙 957 线路保护复归。因龙 957 线路保护动作、开关未分闸且 957 开关"控制回路断线"发信，如不考虑重叠故障，初步判断为龙 957 线路故障、开关拒动，主变高后备保护动作切除故障电流。以上符合保护配合及动作逻辑，基本排除保护误动。

（2）龙 957 开关"控制回路断线"，将不能进行分合闸操作及影响保护跳闸，发信同时闭锁开关重合闸，重合闸放电（保护重合闸充电完成—复归）。

（3）龙门站主变压器未配置或未整定投入低后备保护，高后备保护与各 10kV 线路保护配合，延时先跳主变压器低压侧开关，如仍存在故障电流，则再经一段延时跳开主变压器各侧开关。因 10kV 线路故障开关拒动，高后备保护动作跳开主变压器低压侧开关切断故障电流，造成 10kV Ⅱ 母失电。

（4）2 号主变压器高后备保护动作闭锁分段 912 开关备投：主变压器后备保护动作通常为低压母线故障或低压线路故障越级（拒动）跳闸等情况；当母线上发生故障时，一般为永久性故障，规程规定，母线故障不经检查不得强送（开关拒动没有隔离故障开关也不得强送），因此主变压器高压器后备保护动作将闭锁备投装置。故 10kV Ⅱ 母失压，备投装置不动作。10kV Ⅱ 母失压后，4 号电容器失压保护动作跳闸。

3. 信息处置

（1）拉开龙门站失压的 10kV Ⅱ 母上未跳开的开关，龙 957 开关保持原状，运维人员到现场后拉开手车。

（2）汇报调度：19：22，龙门站 10kV 龙 957 开关"控制回路断线"发信。约 50ms 后，龙 957 线路保护动作、957 开关拒动；2 号主变压器高后备保护动作、低压侧 902 开关跳闸。目前，10kV Ⅱ 母失电，2 号主变压器空载运行。因龙 957 线路保护动作、开关未分闸且 957 开关"控制回路断线"发信，初步判断为龙 957 线路故障、开关拒动，主变压器高后备保护动作跳开低压侧开关。已联系现场运维人员。

（3）在汇报调度的同时联系现场运维人员，将上述故障信息告知。

（4）加强龙门站 1 号主变压器负荷监视，做好电压监视，对越限电压进行调整。对告警窗信号进行检查确认，做好现场处理过程中的信号监视工作，及时与现场保持联系。

（5）根据现场汇报情况进行后续处置：若现场确认确是 957 开关拒动，将 957 开关隔离转检修后，现场检查确认 10kV Ⅱ 段母线无明显故障，则监控员准备恢复 Ⅱ 母送电。操作过程中，若调度明确为事故处理，则不用写操作票，若为正常操作，则需要写操作票。